첫돌 전 아기의
포토 레시피 40

아기의 첫 1년을 멋진 사진으로 남기고 싶은
부모들을 위한 스토리 사진 기법과 카메라 사용법

ME RA KOH

옮긴이 | 이문영

이화여자대학교 영문학과를 졸업한 후 캐나다 VCC(Vancouver Community College)
국제영어교사자격증(Tesol Diploma)을 취득했다. 한국IBM과 파고다어학원에서 일했으며,
한국외국어대학교 실용영어과 겸임교수를 역임했다. 현재 전문번역가로 활동하고 있다.
주요 역서로는 《힐링코드》, 《무엇이 우리의 생각을 지배하는가》, 《뇌체질 사용설명서》,
《나의 두뇌가 보내는 하루》, 《설탕 중독》, 《법왕 달라이 라마》, 《긍정의 심리학》이 있다.

첫돌 전 아기의 포토 레시피 40

1판 1쇄 | 2013년 10월 5일
지은이 | 메 라 고
옮긴이 | 이문영
펴낸이 | 심현미
펴낸곳 | 도서출판 북라인
출판등록 | 1999년 12월 2일 제4-381호
주소 | 서울시 성동구 금호로 107
전화 | 02-338-8492 팩스 | 02-6280-1164
ISBN 978-89-89847-58-8

Your Baby in Pictures : The New Parents' Guide
to Photographing Your Baby's First Year by Me Ra Koh
Copyright ⓒ 2011 by Me Ra Koh
All rights reserved.
This Korean edition was published by Bookline Publishing Co. in 2013
by arrangement with Amphoto Books, an imprint of the Crown Publishing Group,
a division of Random House Inc. through KCC(Korea Copyright Center Inc.), Seoul.
이 책의 한국어판 저작권은 (주)한국저작권센터(KCC)를 통한 저작권자와의 독점 계약으로
도서출판 북라인에 있습니다. 저작권법에 의해 한국 내에서 보호를 받는 저작물이므로
무단 전재와 복제를 금합니다.

● 잘못 만들어진 책은 바꾸어 드립니다.
● 값은 뒤표지에 있습니다.

나의 아기들에게

파스칼린, 블레이즈, 그리고 에이단

이 책을 바칩니다.

감사의 글

한 권의 책을 만들기 위해 정말 많은 사람이 힘을 모아야 한다는 사실은 언제나 놀랍다. 표지에는 내 이름이 올라 있지만, 이 책은 수많은 사람의 도움으로 세상에 나왔다. 앰포토북스의 훌륭한 수석 편집자인 줄리 마주르, 그의 헌신과 나에 대한 믿음에 감사한다. 편집자인 캐시 헤네시는 내가 수없이 문장을 다듬고 또 다듬는 일을 도와주었다. 귀여운 아기를 데리고 수영장에 몸을 담그면서까지 이 책에 열정을 쏟아준 그에게 감사한다! 글자들을 아름답게 배열하느라 고생한 디자인팀에게도 감사한다. 눈에 보이지는 않지만 잊을 수 없는 제작 관계자 모두에게 감사한다. 미진한 부분을 끝까지 마무리해 준 나의 막내 여동생이자 재능 있는 사진작가인 지나 숙에게 특별히 감사한다. 책에 실린 아름다운 가족들 모두에게 감사한다. 그들의 삶에 초대되어 그 진솔한 이야기를 사진에 담는 일은 내게는 더없는 영광이었다. 매일 같이 나에게 용기와 힘을 주는 블로그 독자들에게도 마음 가득 사랑을 전한다. 사진을 정리하고, 나와 함께 촬영하며, 동영상을 찍고, 나의 징징거림과 난상 토론과 고함과 웃음을 들어 주는 나의 남편이자 동반자인 브라이언, 그는 정말이지 놀라운 남자다. 그리고 마지막으로 가장 예상치 못한 곳에서 새로운 삶을 선사한 하느님 아버지에게 가슴 깊이 감사한다.

차 례

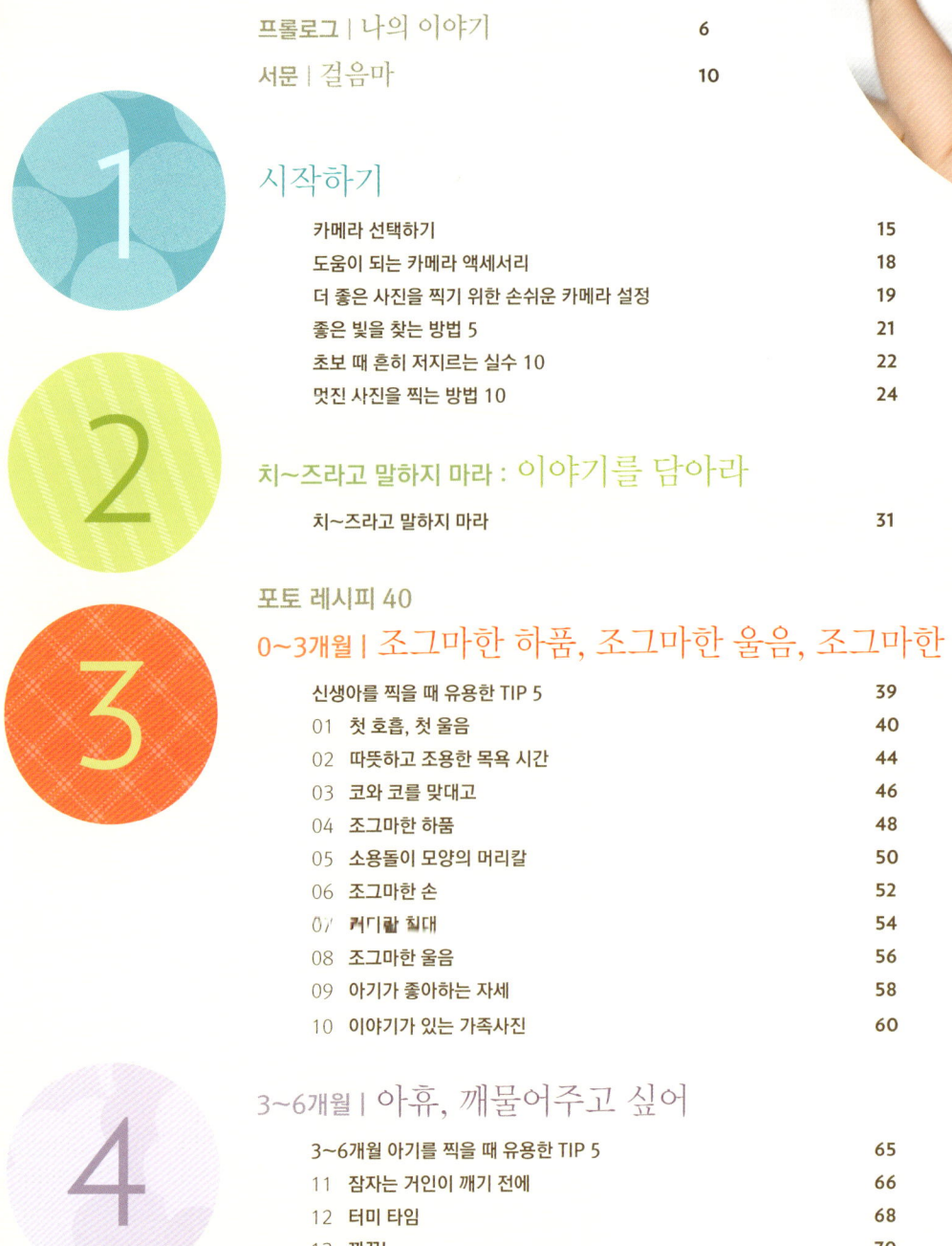

5

6~9개월 | 아기가 있는데 TV가 필요할까

6

9~12개월 | 입 맞추고 싶고, 꼬집어주고 싶은

딸 파스칼린과 내가 처음으로 암벽타기를 했을 때. 아기의 인생에서 첫 순간을 포착하는 일은 경이롭기만 하다. 첫 수영, 첫 걸음마, 그리고 첫 암벽타기!

프롤로그 | 나의 이야기

내가 사진을 발견한 게 아니었다. 사진이 나를 찾아왔다. 그리고 사진은 나를 치유했다.

나는 작가로 출발했다. 대학 때 데이트 강간을 당한 고통스런 기억을 회고한 책,《되찾은 아름다움 : 데이트 강간을 겪은 후 삶과 희망을 찾다 Beauty Restored : Finding Life and Hope After Date Rape》를 10년에 걸쳐 집필했다. 이 책의 핵심은 피해 여성들과 그들의 남편(남자친구), 부모, 친구들에게 희망을 전하는 것이었다. 고통을 당하는 피해 여성들에게 그들이 혼자가 아니라는 사실을 알려주고 싶었다.

2001년 3월 20일 봄이 시작되는 날, 나는 두 아이를 낳았다. 첫 아기 파스칼린이 태어났고,《되찾은 아름다움》이 출간되었다. 파스칼린이 3개월 되었을 때 우리 가족은 여행을 떠났고, 그후 8개월 동안 50여 편의 텔레비전 프로그램과 라디오 인터뷰에 출연했다. 아기가 회의장과 교회, 대학 교정에서 쌕쌕거리며 잠을 자는 동안 나는 청중 앞에서 내가 겪은 이야기를 들려주었다. 나의 이야기를 듣고 한 명의 여성이라도 다시 희망을 찾을 수 있기를 바랐다.

2년간의 놀라운 여정을 마치고 나와 브라이언은 두 번째 아이를 가졌다. 우리는 작은 불이란 뜻의 '에이단'이라는 이름을 지었다. 테네시 주에서 1주 일정으로 순회강연을 하는 중에 복부에 통증이 왔다. 몇 주 후 에이단의 심장 박동이 멈췄다.

에이단을 사산하고 나서 나는 꽤 오랫동안 강연을 하거나 글을 쓸 수가 없었다. 가슴이 에이는 고통으로 괴로워하며 수많은 날을 보냈다. 나는 브라이언과 파스칼린의 사랑에서 도피처를 찾았다. 상심과 방황의 나날을 보내고 있을 때 처음으로 DSLR 카메라를 구입했다. 나는 이 검은 물체의 사용법을 전혀 몰랐고 엄두도 나지 않았었다. 내가 사진 찍는 법을 배울 수 있을지조차 의문이었다. 고등학교 시절 누군가가 사진을 배우려면 수학을 잘해야 한다고 말했던 적이 있는데, 나는 수학에는 젬병이었던 탓에 사진은 꿈도 꾸지 못했다. 하지만 20년이 흐른 후, 나에게 그런 것은 아무 문제가 아니었다. 에이단의 생명을 지키지 못한 나는 파스칼린의 생명을 지킬 방법을 찾아야 했다.

파스칼린의 천진함은 모든 면에서 소중했다. 나는 어느새 파스칼린의 일상을 찍고 있었다. 웃음을 멈추지 못하고 연실 키득거리는 모습, 조그만 몸을 웅크려 아빠의 듬직한 품에 파고드는 모습, 쌕쌕거리며 자는 모습, 보채고 생떼 부리는 모습, 처음으로 노랑 풍선을 갖고 놀던 때의 모습, 그리고 그 밖의 많은 이야기들.

내가 찍은 사진을 본 친구와 가족들이 자신의 아이들도 찍어달라고 부탁하기 시작했다. 얼마 후에는 웨딩 사진을 찍어달라는 신부들의 요청까지 들어왔다. 수천 명의 여성 앞에서 고통스런 이야기를 전하던 내가 이제는 카메라 뒤에서 스스로를 치유하게 된 것이다. 예상치 않게 내 삶은 변화했고, 나는 다른 이들의 삶을 예술적으로 담아내는 특권을 얻었다.

사진이 나를 찾아온 것이다.

얼마 지나지 않아 카메라 울렁증까지 있던 내가 〈오프라윈프리쇼〉에 나가 내 사진들을 소개하고, 뉴욕에서 전시회를 열기에 이르렀다. 그후로 내 삶은 마치 회오리바람 같다는 표현으로도 부족할 지경이었다! 2008년, 일본 소니사에서 나를 초청했다. 웨딩과 인물 사진작가로 여성을 후원한 것은 처음 있는 일이었다. 우리 부부는 후에 상을 탄 교육용 DVD인 〈치즈라고 말하지 마라 Refuse to Say Cheese〉와 〈녹색 상자 너머에 Beyond the Green Box〉의 각본을 쓰고 제작했다. 아이들의 사진 찍는 법을 배우고 싶어하는 엄마들을 위한 DVD였다. 우리는 전국을 순회하며 여성들을 대상으로 〈자신만의 사진 워크숍

처음으로 카메라를 산 직후에 찍은 딸의 사진. 필름을 사용했고, 조리개라는 말조차 들어 본 적이 없을 때다. 하지만 풍선을 가지고 노는 파스칼린의 순수한 즐거움과 천진함을 사진에 담고 싶었다. 파스칼린의 많은 첫 순간 중의 하나다. 나를 사진과 사랑에 빠지게 한 힘은 이 같은 일상의 순간이었다.

소니와 키즈 인 포커스 Kids in Focus™ DVD를 찍을 때.

CONFIDENCE Photography Workshop)을 열었고, 이 워크숍을 통해 사진 찍는 법을 가르쳤다. 우리의 워크숍은 가는 도시마다 성황을 이루었다. 하지만 이 기간 동안 우리에게 가장 큰 수확은 새로 태어난 아들 블레이즈였다. 그야말로 축복이었다.

이 모든 영광과 선물은 놀라운 것이었다. 내가 사진작가가 되리라고는 단 한 번도 상상해 본 적이 없었기 때문이다. 나는 사진학교를 다니지도 않았고, 사실 학창시절 성적도 형편없었다. 내가 리포트 점수로 C+를 받았을 때, 어머니는 주방의 냉장고에 C+는 A+와 똑같다고 써 붙였다. 그럼에도 나는 학교 친구들에게 열등감을 느꼈을 뿐만 아니라 순탄치 않은 어린 시절을 보냈다. 그때까지 나에게 쉬운 일이라고는 없었는데, 사진도 예외는 아니었다.

새로 산 카메라의 사용법을 익히려고 사용설명서를 읽어도 전혀 이해가 되지 않았다. 동네 카메라 가게에 가서 도움을 청해 보았지만, 카운터 뒤에 선 남자는 나를 열등감에 빠뜨리기 일쑤였다. 하지만 우리 아기를 사진에 담는 일은 그때나 지금이나 나에게 중요했기 때문에 기필코 방법을 찾으리라 마음먹었다. 결국 나는 내가 이해할 수 있는 설명서를 만들었다. 그리고 지난 8년 동안 수천 명의 여성을 만나면서 나만 이런 생각을 하는 게 아니라는 사실을 알게 되었다. 이 책을 쓰기로 결심한 것도 그 때문이다.

이 책을 읽다 보면, 각 포토 레시피의 카메라 설정과 함께 사진의 기술적 측면을 이해하기 쉽게 풀어 쓴 '메라식' 설명을 종종 만나게 될 것이다. 이 책은 독자들에게 내 능력을 보여주기 위해 쓴 게 아니다. 그보다 나는 이 책을 통해 첫돌을 맞이할 때까지 아기의 귀여운 순간들을 간직할 수 있는 방법을

알려주고 싶었다. 카메라 기종이 DSLR digital single-lens reflex 이
든 콤팩트 디지털 카메라 point-and-shoot, 이하 콤팩트 디카 든 상관
없다. 나의 목표는 장애물을 최대한 제거하고 다른 곳에서는
얻을 수 없는 사진에 대한 감각을 심어 주는 것이다.

   내가 카메라를 집어들고 우리 아이들을 찍는 방법을 스스
로 터득했다면 당신도 할 수 있다. 내가 좋아하는 작가인 줄
리아 카메론은 "스스로에게 요구할 일은 완벽이 아니다. 앞
으로 나아가는 것이다"라고 말한다. 첫돌 전 아기의 모습을
찍는 일은 앞으로 나아가는 것이다. 내 손을 잡고 한 걸음 한
걸음씩 이 여정에 동참하라. 열정으로 가득 찬 여정 중에 놀
라운 순간들을 포착할 것이다.

〈자신만만 사진 워크숍〉에서는 엄마들이 아기 모델을 찍으며 연습할 기회를 갖는다. 사진의
기술적 측면을 쉽게 설명하고 영감을 불어넣는 주말 수업 시간이다.

2009년 태국의 정글에
마련한 우리 집. 아들 블레이즈가
책의 초안을 구상하는
나와 함께 앉아 있다.
사진 : 브라이언 타우젠드.

"새로 태어난 아기는 모든 만물의
시작과 같다. 경이롭고, 희망적이며,
가능성을 꿈꾸게 한다."

– 에다 J. 러쉬안

서문 | 걸음마

부모로서 즉 좋좋 어찌할 바를 모를 때가 있는데, 특히 어린 아기를 키울 때 그렇다. 우리는 아기의 생명을 지키는
자신의 능력에 불안해하기도 하지만, 커다란 사랑을 느낀니. 그리고 엄마들이여, 호르몬은 늘 변한다는 점을 기억하자.
말하자면 끝도 없지만, 우리는 무엇보다 아기가 하루가 다르게 변화하고 성장한다는 사실에 어쩔 줄 놀라 안나.

딸 파스칼린을 얻었을 때, 어느 지혜로운 여인이 나에게 엄마
가 되는 일은 기쁨과 슬픔을 함께 맛보는 것이라고 했다. 우
리는 아기의 성장과 발달을 축하하면서도 그 성장의 달콤함
을 슬퍼하기도 한다. 그렇다면 바람처럼 지나가 버리는 삶의
순간들을 간직할 방법은 없을까? 내가 찾은 답은 카메라를 통

해 이야기하는 것이었다.

　엄마로서 그리고 직업적인 사진작가로서 나는 셀 수 없을
만큼 많은 아기의 모습을 찍는 특권을 누려 왔다. 내가 흥미
를 느끼는 시기는 급격한 변화를 보이는 생후 1년간이다. 생
후 3개월에서 6개월 사이에는 발달이 획기적으로 일어나기

때문에 9개월에서 12개월 사이에 찍을 수 있는 것과는 완연히 다른 사진을 찍을 수 있다. 이 책을 월령별로 편집한 것도 이런 이유에서다.

나는 1개월~3개월, 3개월~6개월, 6개월~9개월, 9개월~12개월로 구분해 각 장을 만들었다. 장마다 해당 월령의 촬영에 유용한 다섯 가지 핵심 정보와, 아기를 직접 찍어 볼 수 있는 10컷의 포토 레시피를 실었다. 이 포토 레시피에는 사진의 소재와 함께 사진 촬영의 모든 단계와 비법이 들어 있다. 각 포토 레시피에는 다음 내용이 차례로 소개되어 있다.

- 언제 찍어야 할까?
- 무엇을 준비해야 할까?
- 콤팩트 디카 사용자는 카메라 설정을 어떻게 해야 할까?
- DSLR 사용자는 카메라 설정을 어떻게 해야 할까?
- 사진의 구성과 구도는 어떻게 잡아야 할까?
- 사진을 찍을 때 어디에 초점을 맞춰야 할까?
- 모두가 좋아할 만한 DSLR 설정. 당신도 그대로 따라할 수 있도록 내가 사용했던 조리개, 셔터 속도, 감도^{ISO}에 대해 정확히 알려 줄 것이다. 실제로 내가 사용하는 카메라 설정에 일관성이 있다는 점을 알게 될 것이므로, 당신도 나름대로 자신에 맞게 시도해 볼 수 있다. 현재 콤팩트 디카만 갖고 있는 사람도 DSLR로 바꿀 준비가 되었을 때 이 책을 통해 실력을 향상시킬 수 있을 것이다.

그리고 엄마들이여 걱정하지 마라. 정작 자기 사진은 없을까 봐 염려하는 엄마들을 위해 아빠나 베이비시터가 연습하기에 적당한 포토 레시피도 몇 컷 실었다. 그들에게 엄마를 멋지게 찍을 수 있는 방법과 타이밍을 알려줄 것이다!

이 책에 실은 40컷의 포토 레시피는 콤팩트 디카나 DSLR에 모두 적용할 수 있다. 하지만 콤팩트 디카는 이루 말할 수

없을 만큼 제약이 많다. 만일 DSLR로 갈아탈지 말지 망설이고 있다면 1장을 읽고 구입을 결정하기 바란다.

신생아든 9개월 된 아기든, 책에 실은 모든 사진은 첫돌 전 아기의 이야기를 담는 데 도움을 줄 것이다. 테이블 위에 올라서거나 그 아래에서 찍는 방법부터 사진의 배경을 만들기 위해 포목상에서 검은색 벨벳을 구입하는 방법에 이르기까지 이 책에 나의 모든 비법을 공개했다. 게다가 일부 레시피에 소개한 웹사이트에 들어오면 내가 촬영하는 모습을 담은 동영상을 바로 볼 수 있다.

이제 아기의 첫 1년을 기록할 준비가 되었는가? 사진은 정말로 연습이 중요하다. 하지만 가슴 가득 넘치는 사랑으로 연습을 마친다면 어찌 실패할 수 있겠는가? 아기의 첫 해는 쏜살같이 지나간다. 그러나 이 책을 안내자로 삼는다면 훗날 아이에게 아름다운 이야기보따리를 선물할 수 있을 것이다. 부모가 되는 일이 이렇게 흥미로울 수 있다는 것을 그 누가 알았을까?

1

시작하기

아 기 사진 찍는 법을 배울 때는 궁금한 것 투성이다. 너무나 막막해서 시작하기도 전에
그만두고 싶은 생각마저 들기도 한다. 그럴 때 이 장을 들추면 분명히 도움이 될 것이다.
이 장에서는 처음 카메라를 구입할 때 꼭 필요한 정보와 초보 때 흔히 저지르는 실수, 촬영 기술을
단번에 향상시킬 수 있는 비법 등을 다루었다. 초보자가 느끼는 스트레스를 덜어 주기 위해
쓴 장이다. 이제 기술적인 문제에 겁먹지 않고 귀여운 아기를 찍는 과정을 즐기게 될 것이다.

카메라 선택하기

사진을 찍기 전에 가장 먼저 할 일은 구입할 카메라를 결정하는 것이다. 물론 이미 마음에 드는 카메라가 있어서 새 카메라는 나중으로 미루고 싶다면 이 부분은 건너뛰어라. 하지만 새 카메라를 사고 싶다면, 어떤 종류의 카메라를 선택할지는 매우 중요하다. 앞으로 몇 년 간 찍을 사진에 영향을 주기 때문이다.

그렇다면 자신에게 맞는 카메라 종류를 어떻게 알 수 있을까? 경제적으로 여유가 있다면 콤팩트 디카를 사는 게 좋을까, DSLR 카메라에 투자하는 게 좋을까? 두 종류 모두 장점이 있다. 다음에 강조한 각 카메라의 특징을 참고하여 현명한 선택을 하기 바란다.

콤팩트 디카와 DSLR은 매우 다르다. 구입 전에 각 카메라의 특징을 꼼꼼히 따져봐야 한다.

콤팩트 디카를 구입할 때 고려할 사항

요즘에는 조리개와 셔터 속도를 어느 정도 조절할 수 있는 고급 콤팩트 디카가 시중에 나와 있다. 콤팩트 디카의 성능이 확실히 전보다 좋아졌지만 노출을 조절하고 배경을 흐리게 할 때, 그리고 무엇보다 순간을 포착할 때 셔터 속도에서 여전히 한계가 있다. 주머니 사정상 콤팩트 디카를 사야 한다면 다음의 네 가지 기능이 있는지 점검하라.

고속/연속 촬영 모드 고속^{fast}촬영 모드나 연속^{continuous}촬영 모드를 선택할 수 있는지 반드시 확인해야 한다. 그래야 1초 안에 여러 장의 사진을 찍을 수 있다. 제조사에서는 이를 초당 프레임이라고 한다.

콤팩트 디카는 장면 ^{image} 을 포착하는 속도에서 DSLR을 따라가지 못한다.
하지만 연속 촬영 모드로 설정하면 다양한 아기의 동작과 표정을 제대로 잡을 수 있다.

15

충분한 화소 콤팩트 디카는 대부분 900만 화소 이상이다. 정말이지 놀랍다. 하지만 화소가 높다고 무작정 그 카메라를 선택해서는 안 된다. 그럴 만한 가치가 없다. 그렇다면 어느 정도의 화소가 필요할까? 사진을 8×10 크기로 인화하려면 적어도 700만 화소는 되어야겠지만, 그 이상은 필요하지 않다.

잡기 편한 크기와 무게 콤팩트 디카가 잡기에 편한가? 손에 쥐었을 때 안정감을 느낄 만큼 무게감이 있는가? 믿거나 말거나 일부 콤팩트 디카는 너무 가벼워 손에 쥐었을 때 불안하다. 가능하면 카메라를 잡아 보고 느낌이 어떤지 보라. 누구라도 손에 잡히는 느낌이 자연스러운 카메라를 좋아할 것이다. 그리고 기억할 일은, 육중한 DSLR을 들고다니기 싫을 때 콤팩트 디카는 핸드백이나 주머니에 넣고 다닐 수 있어서 정말로 편하다는 점이다.

줌과 광각 기능 콤팩트 디카는 렌즈를 교체할 수 없기 때문에 피사체를 줌인 zoom in 하여 확대하거나 줌아웃 zoom out 하여 축소할 때를 대비해 줌(망원) 기능이 있는 제품이 좋다. 화질이 낮은 디지털줌보다는 광학줌을 찾아보도록 한다.

DSLR을 구입할 때 고려할 사항

DSLR을 사면 콤팩트 디카에서는 체험할 수 없는 새로운 세계가 열린다. DSLR 사용법에 점차 익숙해지면 모든 설정을 조작할 수 있게 된다. 그러나(이는 큰 문제다) 카메라의 기능이나 설정을 이해하지 못하면 DSLR로 찍어도 콤팩트 디카와 다를 바 없는 사진이 나온다. 쏟아부은 카메라 값이 아깝지 않으려면 이 책에 실은 40컷의 포토 레시피와 함께 다음의 내용을 명심해야 한다.

키트 렌즈는 사양하라 가능하면 카메라 바디만 사고 카메라와 함께 파는 렌즈(일명 키트 렌즈 kit lens, 번들 렌즈라고도 한다)

50mm, f/1.8 렌즈는 크기가 작고 비교적 가격이 저렴하다. 부드럽고 흐린 배경을 찍을 때 위력을 발휘한다.

는 구입하지 마라. 키트 렌즈는 그다지 살 가치가 없다. 우선 콤팩트 디카에서 DSLR로 왜 바꾸었는지 스스로 의아해질 것이다. 실제로 렌즈는 매우 중요하다. 따라서 더 좋은 카메라 바디와 독립형 렌즈 사이에서 망설인다면 렌즈에 투자하라. 카메라 바디는 첨단 부가 기능이 장착된 신제품이 매년 출시되지만, 비싼 렌즈에 사용되는 유리는 세월이 가도 놀랍도록 그 진가를 발휘한다.

좋은 바디보다 좋은 렌즈에 돈을 써라 비싼 DSLR 카메라 바디 대신에 20~30만 원을 투자해 50mm 단렌즈를 사라. 내가 흔히 표현하는 '버터를 바른 듯이 부드럽고 흐린 배경' 효과를 얻을 수 있다. 50mm 단렌즈의 조리개는 f/1.8로 낮다. 다시 말해, 빛이 적어도 되는 개방된 조리개 덕분에 깊고 부드러운 배경을 찍을 수 있다. 책장을 넘기면서 부드럽고 흐린 배경 효과를 계속 볼 수 있을 것이다.

메뉴가 쉽고 편해야 한다 카메라 메뉴가 이해하기 쉽고 찾기 편한지 점검해야 한다. 필요한 설정을 찾기가 힘들어 이리저리 더듬거려야 하는가? 특별한 순간을 놓치기 전에 재빨리 설정을 바꿔야 한다면, 메뉴를 빨리 찾을 수 있는지가 무엇보다 중요하다.

무게와 크기가 편안해야 한다 카메라 제조사들은 그 어느 때보다 DSLR의 무게에 신경을 곤두세우고 있다. 무게를 중요시하는 여성 구매자들이 늘고 있기 때문이다. 가능하면 구입하려고 하는 카메라를 직접 들어 보라. 무거운가, 아니면 너무 가벼운가? 카메라 크기가 손의 크기와 잘 맞는가? 결국 몸의 일부처럼 느껴지는 카메라를 갖고 싶을 것이다. 때문에 편안함을 주는 카메라의 무게와 크기는 매우 중요하다.

하나의 브랜드에 충성하라 사진 실력이 점점 발전하면서 더 많은 렌즈, 심지어 카메라 바디를 하나 더 사고 싶어질 것이다. 이런 경우 들어가는 돈이 만만치 않기 때문에 하나의 브랜드로 통일하는 것이 바람직하다. 소니, 캐논, 혹은 니콘과 같은 브랜드를 선택해 한 브랜드에 충성하라.

가격이 비싸도 투자할 가치는 충분하다 DSLR은 콤팩트 디카보다 적어도 세 배는 비싸다. 더 비싸기는 하지만 DSLR이 선사하는 역동적인 사진을 고려하면 투자할 가치가 충분하다.

나중에는 둘 다 갖게 된다

나는 콤팩트 디카와 DSLR을 모두 갖고 있다. 나는 목적에 따라 두 종류를 달리 사용한다. 콤팩트 디카는 핸드백에 넣고 다니며 스냅 사진을 찍을 때 유용하다. 하지만 이야기가 있는 순간을 포착하거나, 카메라 설정을 내 마음대로 조작하거나, 더 튼튼한 카메라가 필요할 때는 DSLR을 집어든다.

수많은 DSLR 카메라가 시중에 나와 있다. 다양한 렌즈를 끼워서 가능한 많은 종류의 카메라를 잡아 보라. 그 카메라로 찍는 자신의 모습을 상상해 보라. 카메라를 들었을 때 손에 잡히는 카메라의 무게와 크기가 편안한가?

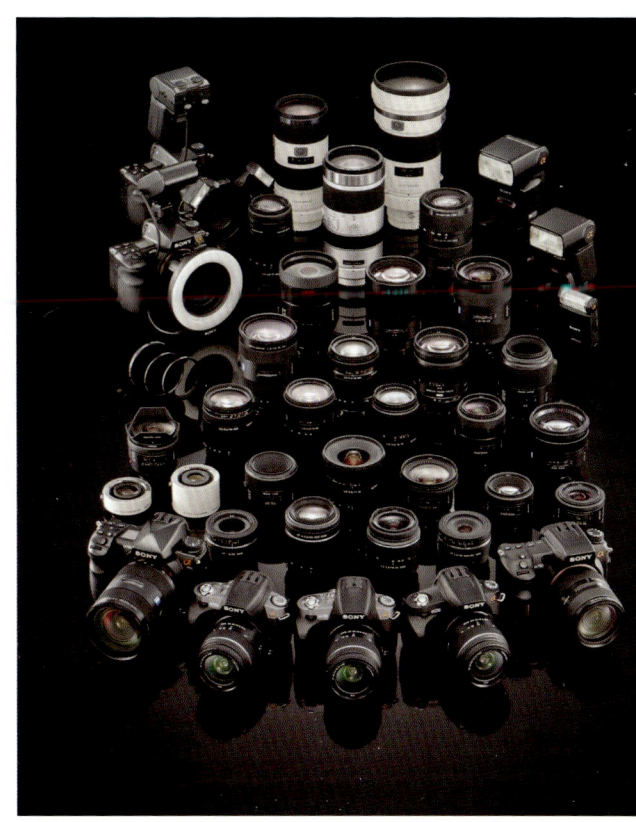

소니·캐논·니콘을 불문하고 모든 카메라 제조사는 수많은 종류의 렌즈와 카메라 바디를 만든다. 이들 렌즈는 다른 제조사에서 만든 카메라 바디와 호환해 사용할 수 없다. 예를 들어, 소니 카메라에는 캐논 렌즈를 끼워 사용할 수 없다. 시간이 흐르면서 계속 렌즈를 사 모으게 될 것이다.

도움이 되는 카메라 액세서리

사진 정리에 필요한 카메라 액세서리 여섯 종을 추천한다. 하지만 아기에게 푹 빠져 있다면 사야 할 액세서리는 끝이 없다(수천 개)! 내가 추천하는 액세서리는 사진을 저장하고, 컴퓨터 저장 공간에 여유를 주며, 렌즈를 잘 보관하기 위해 사용하는 것들이다. 다음의 액세서리에 돈을 투자하면 잊지 못할 순간들을 놓치지 않을 것이다.

카드홀더 출사나 여행을 갈 때 나는 항상 작은 카드홀더를 챙긴다. 사진이 꽉 찬 플래시 카드(메모리 카드)는 카드홀더에 뒤집어 넣는다. 다 찬 카드와 빈 카드를 구별하기 위해서다. 이와 같은 간단한 정리 방법을 이용하면 촬영이 훨씬 편해진다.

카드리더기 카메라를 컴퓨터에 연결하는 대신, 카메라의 플래시 카드에 저장된 사진을 컴퓨터로 옮겨 줄 카드리더기를 장만하라. 사진을 카메라에서 직접 컴퓨터로 옮기면 카메라 배터리가 빨리 닳을 수 있다. 컴퓨터에 따라서는 카메라 모델을 인식하지 못하는 경우도 있다. 그럴 때는 새 드라이브를 구입해야만 한다. 2~4만 원 정도 하는 카드리더기로 골치 아픈

나는 유독 이 카드리더기를 좋아하는데, 네 개의 별개의 구멍이 있어서 다른 네 종류의 카드를 읽을 수 있기 때문이다. 내 DSLR에 든 8G 콤팩트 플래시 카드부터 내 전화기에 든 미니 카드까지 모든 종류의 카드를 읽을 수 있다.

일을 방지할 수 있다.

외장하드드라이브 아기의 예쁜 짓에 푹 빠져 정신을 못 차리는 엄마라면 결국 너무 많은 사진을 찍게 되어 컴퓨터 공간이 바닥날 것이다(개인적인 경험에서 말하자면!). 혹은 최악의 경우, 컴퓨터의 하드드라이브가 고장 나 사진이 모두 날아갈 수 있다. 내가 하고 싶은 말은 외장하드드라이브에 투자해 사진의 복사본을 저장하라는 것이다. 다시 말해, 사진 원본을 컴퓨터 하드드라이브에 저장하는 일은 피해야 한다. 10만 원 남짓 투자하면 미니드라이브를 마련할 수 있다(휴가 갈 때 휴대할 수도 있다). 아니면 수천 장의 사진을 저장할 수 있는 테라바이트(1조 바이트) 크기의 외장하드드라이브를 구입하라.

여분의 배터리 해변에서 포즈를 잡을 때, 혹은 더 안타깝게도 한 살배기 우리 아기가 생일 케이크의 촛불을 끄려는 순간… 카메라 배터리가 나갔다고 상상해 보라. 하지만 걱정할 것 없다! 30분 동안 배터리를 재충전하는 대신 여분의 배터리를 끼운 다음 "해피 버스 데이!"를 외치면 된다.

렌즈클리너 1~2만 원 정도 하는 헝겊으로 된 렌즈클리너 혹은 렌즈펜을 사서 카메라의 눈에 먼지가 끼지 않도록 해야 한다. 처음부터 셔츠나 휴지, 손으로 렌즈를 닦는 습관을 들이지 않는 것이 좋다. 렌즈의 유리는(특히 비싼 렌즈일수록) 셔츠의 섬유, 손의 기름때 등에 긁히기 쉽다. 렌즈클리너가 해답이다.

카메라 스트랩 카메라 스트랩에 2~3만 원을 투자하면 숨을 쉴 수 있다! 카메라에 달려 있는 스트랩은 보통 너무 짧고 너무 뻣뻣하거나, 확실히 불편하다. 공짜라고 답답함을 참지 말고 긴 스트랩을 새로 사라. 조금만 돈을 들이면 편하고 보기도 좋은 줄을 살 수 있다. 다양한 색깔과 무늬의 스트랩이 시중에 나와 있다.

더 좋은 사진을 찍기 위한 손쉬운 카메라 설정

카메라 제조사들은 보통 카메라 설정을 고정시킨다. 몇 분 동안 이 설정을 바꾸고 다른 설정 기능을 익히면 하루 만에 사진이 달라질 것이다. 손쉬운 설정을 통해 극적인 변화를 가져오는 방법을 알아보자.

센터 포커스 카메라를 '센터 포커스(중앙 초점)'로 설정하라. 그러면 카메라가 자동으로 프레임의 중앙에 초점을 맞추게 된다. 초점을 맞추고 싶은 대상이 중앙에 있지 않을 때는 다음 방법대로 하면 된다:

1. 사진의 구도를 잡고 초점을 맞추고자 하는 피사체를 정한다.
2. 그 피사체가 중앙에 오도록 사진의 구도를 다시 잡는다. 셔터 버튼을 반쯤 눌러 초점을 고정한다.
3. 셔터 버튼을 반쯤 누른 상태에서 원래 구도로 돌아온다. 이제 버튼을 완전히 눌러 사진을 찍는다(www.merakoh.com/behindthescenes의 동영상을 참고하라).

연속 촬영 모드 대부분의 카메라는 셔터 버튼 하나로 몇 초 안에 많은 사진을 찍을 수 있는 연속 촬영 모드가 있다. 일부 제조사에서는 이를 '버스트 burst' 혹은 '다중 프레임'이라고 한다. 이 모드를 이용해서 멋진 표정과 동작의 순간을 포착할 수 있다. 이 모드 설정 상태에서도 한 번에 한 장면씩 찍을 수 있는데, 다만 손가락에 조금 힘을 실어 누르면 연속 촬영이 된다. 나는 카메라를 연속 촬영 모드로 설정해 놓을 때가 많다. 예상치 못한 얼굴 표정을 언제든지 잡기 위해서다.

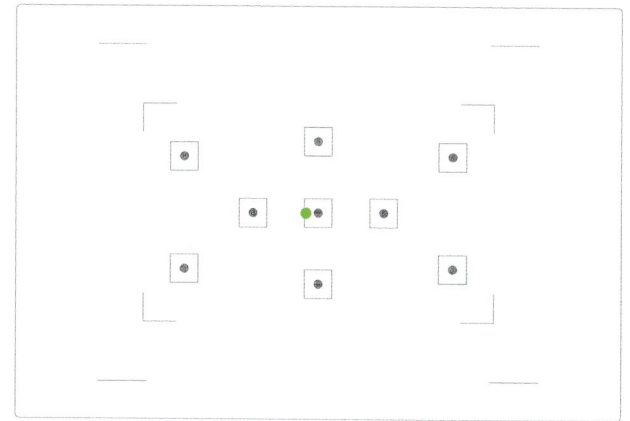

카메라에는 자동 초점 위치가 몇 군데 있다. 나는 중앙에 자동 초점을 설정해 놓았다. 자동 초점 위치를 바꾸느라 소중한 순간을 놓치기보다는 구도를 다시 잡아 그 순간을 포착하는 방식을 선택한 것이다.

어린 타이가 자기 혀에 열중하는 모습부터 엄마의 볼에 침이 묻도록 꾹 눌러 입맞춤하는 모습까지 몇 초 사이에 모두 포착할 수 있다.

조리개 우선 모드로 찍으면 조리개값을 최대한 낮추고 나머지는 카메라에 맡길 수 있다. f/1.4로 조리개값을 낮게 설정하면 뒤에 보이는 흰색 울타리가 흐리게 나와 뒤뚱거리며 일어서려는 아들 블레이즈의 모습이 부각된다.

콤팩트 디카는 인물 사진 모드를 사용하라 배경이 흐린 사진을 좋아한다면 인물 사진 모드(작은 얼굴 그림으로 표시되어 있다)를 사용하라. 배경을 더 흐리게 만들어 주는 완전 자동 모드다. 배경의 흐린 정도는 이야기의 핵심이 무엇인지 알려 주는 척도이므로, 나의 창의력을 표현하는 데 커다란 역할을 한다. 책을 읽다 보면 내가 이 흐린 배경 효과를 반복적으로 사용한다는 사실을 알게 될 것이다. 렌즈가 좋을수록 배경을 더 흐리게 만들 수 있다. 하지만 콤팩트 디카로 배경을 흐리게 찍으려면 내공이 필요하다. 많은 사람이 DSLR에 투자하는 이유는 더욱 극적인 사진을 얻기 위해서다.

DSLR은 조리개 우선 모드를 사용하라 DSLR로 흐린 배경을 찍으려면 조리개 우선 모드를 사용해야 한다. 이 모드를 사용하면 조리개값 f stop 을 우선 지정할 수 있다. 이때 카메라는 정확한 노출을 위해 적절한 셔터 속도를 자동으로 선택한다. 조리개는 필드의 깊이, 즉 배경의 흐린 정도를 결정한다. 책에 실은 포토 레시피에서 보듯이 나는 흔히 조리개값을 낮게 설정한다.

플래시를 꺼라 플래시를 끄고 가능하면 언제나 창으로 들어오는 빛이나 다른 빛을 이용하라(21쪽의 〈좋은 빛을 찾는 방법 5〉를 참고하라). 빛이 어둡하다면 감도를 높여라. 감도가 높을수록 사진은 거칠다. 반면에 감도가 낮을수록 사진도 덜 거칠고 색깔도 선명하다.

구름 낀 날이라고 낙담하지 마라. 구름은
기막힌 소프트 박스 soft box 역할을 한다.
강렬한 햇빛 대신 은은한 빛이 아기의 얼굴에
드리운다.

좋은 빛을 찾는 방법 5

좋은 빛을 찾으려면 먼저 빛을 관찰해야 한다. 주위에 보이는 빛의 특징을 살펴보라. 빛이 거친가, 부드러운가? 빛이 가는 방향을 살펴보라. 빛이 측면에서 아기 얼굴을 비치는가? 위에서 비치는가? 드라큘라 같은 그림자가 생기지는 않는가? 빛의 색깔도 생각해 보라. 강렬한 백색인가? 따뜻한 불빛인가? 혹은 푸른빛이 도는가? 이런 관찰이 좋은 사진을 찍기 위한 첫걸음이다. 다음은 실내와 실외에서 최적의 빛을 찾기 위한 방법이다.

1. 집 안을 둘러보라 집 안을 둘러보며 어느 방이 더 밝고 어두운지 보라. 다만, 한 번에 끝내서는 안 된다. 하루 동안 여러 번 둘러보라. 각 방에 드는 빛의 정도를 재빨리 파악하라. 일출과 일몰에 집 전체에 든 빛이 어떻게 변하는지도 보라. 더 밝은 방은 어디이고, 그런 방에는 언제 해가 가장 많이 들어오는가? 빛이 너무 밝지는 않은가? 얇은 커튼이 창에 쏟아지는 햇빛을 가려 빛이 은은해지는가? 사진을 찍을 때는 창가에 비치는 은은한 빛을 찾아야 한다.

2. 흰색 포스터 보드가 기적을 만든다 아기의 얼굴 한 쪽은 빛이 너무 강한데 다른 한 쪽은 그늘이 진다면, 누군가에게 커다란 흰색 포스터 보드를 들어달라고 하라. 빛이 포스터 보드에서 반사되어 그늘이 없어진다.

3. 구름은 자연 필터 역할을 한다 북서태평양 지역에 살면 허구한 날 구름이 낀다. 하지만 사진 찍기에는 매우 좋다. 창에 드리운 얇은 커튼처럼 구름이 자연 필터 역할을 하기 때문이다. 이런 날에는 그림자도 없고 빛이 너무 밝아 아기가 실눈을 뜰 일도 없기 때문에 사진 찍기에 안성맞춤이다.

4. 자연 그늘을 찾아라 높은 건물이나 잎이 무성한 나무는 사진을 찍을 때 자연 그늘을 제공한다. 하지만 자연 그늘을 제공하는 커다란 나무를 발견했다면 나뭇잎과 나뭇가지 때문에 아기 얼굴에 괴상한 그림자가 드리우지 않는지 잘 살펴야 한다. 아기가 찡그리지 않으면서도 강한 그늘이 지지 않는 위치를 찾아라.

5. 일출과 일몰 30분 전후가 최적기다 두말하면 잔소리다. 빛이 가장 좋을 때는 일출이나 일몰 30분 전과 후다. 사진작가로서 나는 하루 중 이 최적의 시간에 사진을 찍으려고 한다. 사진을 잘 찍기 위해서는 준비가 철저할수록 좋다.

초보 때 흔히 저지르는 실수 10

나도 사진을 처음 배우기 시작했을 때는 많은 실수를 했다. 그 가운데 초보 때 가장 많이 하게 되는 실수 열 가지를 소개하려고 한다. 예전에 찍은 사진을 보면 그때는 보이지 않던 것들이 보여 저절로 웃음이 나온다. 누군가가 조언을 해주었더라면 단번에 사진이 좋아졌을 텐데 말이다. 수많은 워크숍을 진행하면서 대부분의 사람이 초보 때 같은 실수를 저지른다는 사실을 알았다. 시간을 절약할 수 있도록 초보시절 나에게 그토록 필요했던 조언을 하고자 한다.

1. 배경을 너무 많이 넣는다 배경 때문에 아기가 잘 보이지 않는가? 배경 때문에 이야기가 살지 않는다면 프레임을 좁히거나 앞으로 더 다가가 배경을 최소화한다.

2. 사진이 어둡다 최적의 자연광을 찾아 사진 찍는 법을 배워야 한다. 또 감도를 높이면 카메라가 빛을 더 민감하게 받

아들인다.

3. 내장 플래시를 사용한다 카메라에서 갑자기 터지는 내장 플래시는 백해무익하다! 플래시가 터지면 아기에게 어두운 그림자가 생기거나 아기의 뒤가 동굴처럼 컴컴하게 나온다. 무슨 일이 있더라도 플래시 대신 자연광을 찾아야 한다.

4. 모든 피사체를 가운데로 모은다 피사체를 앞과 가운데로 모으는 대신 중앙에서 벗어난 구도를 잡아 보라. 보통은 3분할법에 따라 화면을 3등분하게 되는데, 이렇게 3등분된 화면을 무엇으로 채울 것인지 계획하고, 3등분된 화면 모두 사진의 이야기를 풍부하게 해주는 것으로 채워야 한다(23쪽의 박스를 참고하라).

5. 한 번에 찍으려고 한다 나는 보통 아기가 같은 몸짓과 표정을 두 번 보여 주기를 기다린다. 혹은 그 장면을 두 번 연출하려고 한다. 한 번에 원하는 장면을 찍으면 정말 좋겠지

나의 DSLR 설정 1/800초(800)에 f/2.8, ISO 400.
사진을 찍을 때 가장 흔히 저지르는 실수 중 하나는 배경을 너무 많이 넣는 것이다. 위 사진은 배경 때문에 아기가 눈에 잘 띄지 않는다. 아기가 배경에 묻힌 느낌이 들 뿐만 아니라 사진의 주제가 무엇인지 알기 힘들다.

나의 DSLR 설정 1/800초(800)에 f/2.8, ISO 400.
아기에게 가까이 다가가면 생생한 이야기를 담을 수 있다. 오늘 아침 바깥 마루에서 노는 어린 주드가 무척 행복해 보인다.

만, 대개는 그렇지 못하다. 그럴 때 나는 '계속' 찍는 방법을 택한다.

6. 어른을 찍을 때(특히 아기를 안고 있는 엄마) 정면에서 찍거나 올려다보며 찍는다 어른을 정면이나 약간 아래에서 찍게 되면 얼굴이 더 크게 나온다. 당연히 그것을 원하는 사람은 아무도 없을 것이다. 얼굴을 정면에서 찍지 말고 약간 옆에서 찍어라. 그리고 카메라를 엄마의 얼굴보다 조금 위쪽에 들어라. 그러면 엄마가 턱을 살짝 치켜들게 되어 이중턱과 삼중턱이 생기지 않는다.

7. 아기가 언제나 카메라를 보고 있다 생후 12개월 동안 나는 아기가 카메라를 보고 웃게 하려고 자동차 열쇠를 흔들거나 손가락으로 딱딱 소리를 내거나 아기를 얼렀다(치~즈라고 하면서). 처음 DSLR을 사고 나서야 단순한 스냅 사진이 아닌

이야기가 담긴 장면을 찍기 시작했다. 틀에 박힌 사진에서 벗어나고 싶다면 지체 말고 DSLR을 구입하라. 스토리 사진(이야기가 담긴 사진)을 찍는 방법은 2장을 참고하라.

8. 고정된 설정을 그대로 사용한다 카메라 설정을 바꾸는 데에는 몇 분이면 충분하다(앞의 〈더 좋은 사진을 찍기 위한 손쉬운 카메라 설정〉을 참고하라). 몇 개의 설정만 수정하면 완전히 새로운 사진을 찍을 수 있다.

9. 카메라에 달린 스트랩을 사용한다 이 카메라 스트랩은 대개 불편하고 너무 짧다. 길고 부드러운 스트랩을 마련하면 사진 찍을 때 움직임이 훨씬 자유롭고 편하다.

10. 카메라를 치워 놓는다 사진 찍는 일을 생활의 일부로 만들어라. 카메라를 잘 보이는 곳에 올려놓거나 가장 많이 드나드는 방 근처에 두어라.

3분할법이란

사진업계에서는 법칙이라고 부르지만, 나는 이것을 하나의 지침으로 생각하고 싶다. 구도를 측정하는 방법으로서 말이다. 연습을 위해서 좋아하는 사진 하나를 고르자. 그 위에 가로 세로로 사진을 정확히 3등분하는 가상의 선을 그려 보자. 3분할법은 더욱 생동감 있게 이야기를 전달하기 위해 피사체를 중앙에서 벗어나게 하는 것이다. 아기를 한가운데가 아닌 오른쪽 3분의 1 지점에 놓고 나머지 3분의 2는 여백으로 남기면 어떨까? 여기에 인물 사진 모드를 이용해 배경을 흐리게 하면 금상첨화다. 배경이 안개 낀 듯이 부드럽게 흐려지면 사진에서 조용하고 평화로운 느낌이 난다. 3분의 2의 여백 부분을 어떻게 채울 것인지 전략을 잘 세워보라. 어떤 요소가 사진이 전달하고자 하는 이야기를 뚜렷이 드러낼까? 피사체가 중앙에서 벗어나도록 사진을 찍어 보라. 3분할법이 일상에서 어떻게 사용되는지 관찰하라. 다음에 영화를 보러 갈 때면 3분할법을 언제, 왜 사용하는지 생각해 보라. 그런데 이런, 이건 사진작가들이나 하는 짓인데!

오른쪽 3분의 1 지점에 워커를 배치했다. 나머지 3분의 2 부분에 개의 다리를 배치해 자그마한 아기와 커다란 개의 크기가 재미있는 대비 효과를 낳았다.

멋진 사진을 찍는 방법 10

모든 일에는 요령과 비법이 존재한다. 다음에 소개하는 내용은 내가 즐겨 이용하는 열 가지 사진 비법이다. 순전히 나의 시행착오로 얻은 것도 있고, 다른 사진작가가 알려준 것도 있다. 나는 이런 방법들을 알아가면서 실수투성이였던 초보 딱지를 뗄 수 있었다. 예를 들어, 주차장이 사진 찍기에 얼마나 좋은 장소인지, 하루 중 가장 빛이(사진 찍기에) 좋을 때 찍는 것이 얼마나 중요한 일인지 전혀 알지 못했다. 사진을 찍을 때 나는 이 열 가지 비법을 지침 삼아 내가 발견한 이야기를 반드시 사진에 담는다.

1. 사진의 주제를 정하라 아름다운 장미꽃을 배경으로 아기의 사진을 찍는다고 상상해 보자. 장미와 아기를 모두 사진에 넣을 것인가? 아기가 꽃에 묻히지 않으려면 어떻게 해야 할까? 초점을 아기에게 맞출지, 꽃에 맞출지 정해야 한다. 우선 이야기의 중심 요소 하나를 찾은 다음, 또 하나의 요소는 양념으로 배경에 집어넣어라.

2. 가까이 다가가라 망설이지 말고 아기에게 다가가 아기의 귀여운 얼굴로 프레임을 꽉 채워라. 부모들이 저지르는 가장 흔한 실수 중 하나는 배경을 너무 많이 집어넣거나 피사체를 돋보이게 하지 못하는 것이다. 배경이나 설정 때문에 사진에 담긴 이야기가 제대로 표현되지 않는다면, 가까이 다가가 피사체를 부각시켜라.

3. 아침이나 늦은 오후에 찍어라 아침과 저녁의 광선은 언제나 만족스럽다. 가능하면 정오에는 촬영하지 마라. 정오에는 태양이 머리 바로 위에 있어서 눈 밑에 드라큘라 같은 그림자가 진다. 사람들은 대개 눈이 부시면 찡그린다. 한낮에 꼭 찍어야 한다면 잎이 무성한 나무나 큰 건물의 그늘을 찾아 보라.

강렬한 태양은 사람들을 찡그리게 하거나 얼굴에 지저분한 그림자를 만든다. 플래시를 끄고, 피사체가 태양을 등지게 하라. 그러면 얼굴에 은은한 빛이 감돈다.

4. 태양을 등지게 하라 태양이 너무 강렬한가? 플래시를 끄고, 피사체가 태양을 바라보게 (그래서 눈을 찡그리게) 하지 말고 등지게 하라. 때로 후광 혹은 테두리광 효과를 얻을 수 있다.

5. 공원 대신 주차장으로 가라 내가 촬영 장소로 공원을 꺼리는 이유는 푸른 잔디에 반사된 햇빛으로 인해 아기 피부가 기묘한 빛깔을 띠기 때문이다. 내가 선호하는 장소는 주차장, 대학 캠퍼스 등과 같이 콘크리트가 많은 곳이다. 콘크리트에 반사된 햇빛을 이용하면 아기 피부가 예쁘게 나온다. 이상하게 들리겠지만 한번 해보라!

6. 가끔 실내등을 끄고 자연광을 찾아라 유독 방이 어두운 것 같을 때 나는 등을 끄기도 한다. 더욱 강하고 극적인 효과를 주는 빛이 창을 통해 들어오도록 집 안의 등을 모두 끈다.

7. 빛이 적을 때는 몸을 움직이지 마라 빛이 적을 때는 카메라를 고정시켜 사진이 흔들리지 않게 하는 것이 매우 중요하다. 몸을 고정시키고 단단한 물체에 의지해 몸이 조금이라도 움직이는 것을 막아라. 혹은 시간이 허락된다면 삼각대를 설치하라.

8. 최대 크기, 최고 화질을 선택하라 카메라는 다양한 이미지 크기와 화질을 제공한다. (RAW로 찍는 일이 익숙치 않다면) 최대 크기의 JPEG와 최고의 화질을 선택하라. 사진을 크게 인화하고 싶을 수도 있고, 사진의 일부분을 잘라내고 싶을 수도 있다. 사진 크기가 크고 화질이 좋을수록 나중에 할 일이 많아진다.

9. 사진을 지우고 싶은 유혹을 뿌리쳐라 LCD 디스플레이는 눈을 속일 수 있어서 컴퓨터에 옮긴 사진이 더 근사해 보일 수 있다. 또 사진을 찍으면서 카메라 뒤를 보며 이미지를 지우다 보면 샘솟던 창의력이 온데간데 없어진다. 가장 안 좋은 점은 피사체에 집중할 수 없다는 것이다. 여분의 카드를 두 개 정도 준비해 계속해서 사진을 찍는 것이 좋다.

10. 우선 찍고, 나중에 수정하라 내가 자주 받는 질문 하나는,

릴라가 엄마를 올려다본다. 흑백의 색조로 인해 이 사랑스러운 순간이 영원처럼 느껴진다.

내가 카메라의 흑백 모드를 사용하는가, 아니면 컴퓨터에서 사진을 흑백으로 전환하는가 하는 것이다. 답은, 나는 언제나 컬러로 사진을 찍는다는 것이다. 사진을 찍는 동안에는 설정을 자주 바꾸지 않는 것이 좋다. 또 요즘에는 편집용 소프트웨어가 매우 훌륭하기 때문에 나는 카메라의 색채 조정 기능보다 컴퓨터가 만든 색감을 훨씬 더 좋아한다.

DSLR 사용자를 위한 TIP
사진이 너무 어둡거나 너무 밝다면

DSLR로 조리개 우선 모드에서 찍은사진이 너무 어둡거나 밝다면 다음과 같은 방법으로 쉽게 수정할 수 있다.

1. '디스플레이'를 눌러 사용한 셔터 속도를 찾아서 기록한다.
2. 매뉴얼(수동) 모드로 바꾼다.
3. 조리개를 가장 낮게 설정한다.
4. 사진이 너무 어둡다면, 처음보다 셔터 속도를 낮춘다(즉 더 작은 숫자로 바꾼다). 예를 들어, 셔터 속도가 1/200초(200)였다면 1/125초(125)로 바꿔 보라. 반대로 사진이 너무 밝다면, 셔터 속도를 더 높인다(즉 더 큰 숫자로 바꾼다).
5. 사진을 다시 찍어 본다. 아직도 어두운가? 충분히 밝아질 때까지 셔터 속도를 조금씩 조금씩 낮춘다.
6. 밝기는 적당한데 손의 움직임으로 사진이 흔들렸다면 어떻게 해야 할까? 셔터 속도를 조금 높인다. 하지만 이때 감도도 함께 높여야 한다. 사진이 흔들렸을 때른 대개 셔터의 개폐 속도가 너무 느렸을 가능성이 크다. 사진이 흔들리는 것을 막기 위해서는 셔터 속도를 조금 높이고, 속도를 높임으로써 줄어드는 빛의 양을 보상하기 위해 감도도 높여야 한다.

사진은 무조건 많이 찍어야 실력이 는다. 스트레스 받지 말고 즐겨라!

나의 DSLR 설정 1/500초(500)에 f/2.8, ISO 200.

나의 DSLR 설정 1/800초(800)에 f/2.8, ISO 200.

나의 DSLR 설정 1/3200초(3200)에 f/2.8, ISO 200.

셔터 속도를 점점 높일수록 사진은 점점 어두워진다. 셔터가 빨리 열리고
닫힐수록 카메라에 들어가는 빛이 줄어들어 사진이 어두워지는 것이다.
매뉴얼 모드를 이용해 셔터 속도를 낮추고 높이면서 더 밝고 어두운 사진을
실험해 보라.

2

치~즈라고 말하지 마라

이야기를 담아라

어린 애비가 유아용 보조의자에 앉아 누나와 형들이 노는 모습을 바라본다. 잠시 뒤로 물러나 '치즈라고 외치지 않고' 그 순간을 그대로 두면
순수한 호기심이 가득한 애비의 표정을 잡을 수 있다.

이 책에 40컷의 포토 레시피를 실은 이유는, 그저 스냅 사진을 마구 찍어대기보다는 여유롭게
아기의 첫 1년의 이야기를 사진에 담을 수 있도록 하기 위해서다. 그리고 이런 생각으로
사진을 찍기 시작하면 1년 후에도 그 이야기가 끝나지 않는다는 사실에 행복해할 것이다. 해가 가면서
변해가는 아기의 모습을 계속 사진에 담기 위해서는 변치 않는 하나의 철칙이 있어야 한다. 그 철칙은
'치~즈라고 말하지 마라'는 것이다.

치~즈라고 말하지 마라

나의 임무는 부모들이 아이들을 찍을 때마다 완벽한 사진용 미소를 기대하며 '치~즈'라고 외치지 않게 하는 일이다. 일단 이야기를 담아내는 요령과 비법을 익히고 나면, 눈에 익은 흔한 사진보다 훨씬 더 생생한 장면을 잡을 수 있다. 이 시기에는 아기가 너무 어려서 카메라를 보고 미소 짓지 못할 수 있다. 하지만 '치~즈라고 말하지 마라'는 아기가 태어나는 순간부터 적용해야 하는 철칙이라고 나는 믿는다.

이 철칙을 적용함에 있어 아기가 아장아장 걸을 때까지 기다릴 필요는 없다. 이 책의 다른 조언과 함께 지금 당장 실행하라. 치즈라고 말하지 말라는 뜻은, 여유 있게 천천히 사진을 찍으라는 의미다. 카메라를 들이대기 전에 눈앞에 펼쳐진 이야기를 보라. 사진에 담고 싶은 이야기가 무엇인지 파악하고, 카메라라는 도구를 이용해 그것을 포착할 최선의 방법을 찾아라.

무엇보다 치즈라고 말하지 않는다는 것은, 찍는 사람에게 막중한 책임이 주어진다는 의미다. 이는 단지 아이의 생활을 기록하는 것에 머물지 않고 매월, 매해 변화하고 성장하는 아이의 모습을 관찰한다는 뜻이다. 수천 장의 스냅 사진 대신 우리 아기만의 잊을 수 없는 이야기를 사진에 담아 볼까?

스냅 사진과 스토리 사진

사진에는 두 종류가 있다. 스냅 사진과 이야기를 담은 스토리 사진이다. 두 종류 모두 나름의 목적이 있다. 스냅 사진은 역사를 기록한다. 스냅 사진은 보통 누가, 무엇을, 언제, 어디서와 같은 질문에 답을 주는 사실에 근거한 사진이다. 예를 들어, 온 가족이(누가) 웃으며 디즈니랜드성 앞에(어디서) 서서 스냅 사진을 찍는다. 혹은 모든 사람이 잘 차려 입고 크리스마스트리 앞에서 웃으며 스냅 사진을 찍는다. 이런 종류의 사진은 사건이 일어난 순간을 기록하지만 그것이 전부다.

모든 사람이 카메라를 보고 웃는 시간과 장소는 언제나 있기 마련이다. 이때 우리는 누가, 어디서, 무엇을 했는지를 말해 주는 소중한 스냅 사진을 찍는다. 하지만 잠시 카메라를 내려놓아라. 더욱 감동적인 이야기를 찍을 기회가 있을 테니 말이다.

스냅 사진은 대개 급하게 찍는다. 우리는 "빨리! 예쁜 짓 하는 모습이 사라지기 전에 빨리 찍어!"라고 말한다. 무슨 이야기를 담을 것인지, 사진의 구성과 구도는 어떤지, 혹은 배경을 적절히 넣었는지 너무 많이 넣었는지는 안중에 없다. 이럴 때 우리는 사진을 찍으려고 허겁지겁 카메라를 집어든다. 그리고 안타깝게도 종종 그 순간을 놓친다.

이야기를 담은 스토리 사진은 감동을 준다. 스토리 사진은 3차원적이다. 스토리 사진은 카메라를 보고 미소 짓는 것이 목적이 아니다. 이 사진의 목적은 그 순간에 펼쳐지는 이야기를 포착하는 것이다. 예를 들어, 가장 좋아하는 크리스마스 장식, 클로즈업으로 촬영한 어린 딸의 빨강색 에나멜 구두, 나무를 빙 둘러 달리는 기차를 보고 놀라워하는 어린 아들의 표정, 목에 두툼한 빨강 리본을 달고 조는 고양이 사진 등이 딸이 세 살, 아들이 9개월이었을 때 경험한 크리스마스의 이야기다.

여러 해 동안 아기가 태어나서 첫해 동안 겪은 이야기를 멋진 사진으로 남기고 싶어하는 부모들을 수없이 만났다. 그들은 스토리 사진을 찍고 싶어하지만 스냅 사진과 다를 바 없는 결과에 실망하고 만다. 당신도 그런가? 그렇다면 이 책은 임자를 만난 것이다. 이 책을 읽고 나면 아기가 보내는 첫 1년의 이야기를 멋진 사진에 담을 수 있다.

나의 사진 사업이 아주 짧은 기간에 번창한 이유를 물어 보는 사람들이 많다. 나는 사진기를 집어들기 전부터 내가 이야기꾼이었다는 점이 크게 작용했다고 생각한다. 과거에 나의 도구는 카메라 대신 펜이었다. 하지만 사진가로서 나는, 내가 작가일 때와 마찬가지로 여전히 이야기에 집중한다는 사실을 발견했다. 수억짜리 웨딩 사진이든, 6개월 된 아기의 사진이든 셔터를 누를 때 나의 목표는 언제나 스토리텔링의 3요소를 잡는 것이다. 그것은 갈등, 세밀한 특징, 세팅 즉 목적이 있는 배경이다. 이 3요소는 나뿐만 아니라 우리가 만든 DVD를 구매한 수많은 부모와 우리 워크숍에 참석한 여성들에게 큰 도움이 되었다.

갈등의 포착

갈등을 포착한다는 것이 무슨 의미일까? 아기가 울거나 형제들이 싸우는 사진일까? 반드시 그렇지는 않다. 이야기꾼에게는 행동이나 긴장, 감정, 초조감 등이 갈등이다. 재미있게 읽은 책의 내용을 생각해 보라. 저자는 한 장이 끝날 때마다 갈등 상황을 설정해 독자로 하여금 계속 읽게 만든다. 사진도 마찬가지다. 우리는, 우리를 애타게 만드는 장면을 잡고 싶어한다. 갓 태어난 아기가 조그만 입을 한껏 벌려 하품하는 모습

이 갈등의 순간이다.

3개월 된 아기가 가까스로 고개를 들어 엄마에게 미소 짓는 순간은 훌륭한 갈등의 장면이다. 테이블 위에서 엄마를 잡고 뒤뚱거리며 일어선 6개월 된 아기의 의기양양한 표정이 갈등이다. 계단을 발견한 9개월 된 아기의 표정은 어떨까? 이런 모든 순간은 일종의 긴장·감정·행동을 전달함으로써 우리의 주의를 끈다.

사람들은 갈등이라는 단어를 생각할 때 우는 아기나 스트레스 받은 부모를 떠올린다. 하지만 갈등은 훨씬 더 많은 의미를 내포한다.

세밀한 특징의 포착

하지만 갈등은 이야기의 한 부분에 불과하다. 우리는 아기가 커가는 모습을 그때 그때 담고 싶어한다. 그 모습은 내가 가장 찾고 싶은 요소이고, 그렇게 세밀한 발달의 특징을 포착하려면 한 발짝 뒤로 물러나 숨을 돌리고, 주변에 널린 소소한 일상을 발견해야 한다. 소소한 일상이 없는 우리의 삶은 상상할 수가 없다. 하지만 아기는 어느새 부쩍 자라기 때문에, 그 틈에 포착한 세밀한 발달의 특징을 보고 아이가 자란 과정을 시기별로 기억할 수 있다. 아기의 성장은 그야말로 순간이다. 소용돌이 모양을 한 신생아의 머리칼, 밤에 손으로 문질러 머릿밑이 허옇게 드러난 3개월 된 아들의 머리, 숱이 적은 앞머리가 자연스러운 6개월 된 아기의 머리 등. 커가는 아기의 모습은 유아기의 각 단계를 구분하기 위해 모래 위에 그린 선과 같다. 가장 좋은 점은, 커가는 아기의 모습이 계속 변한다는 것이다.

세밀한 특징을 포착한 사진은 아기의 애장품이나 기념품이 될 수도 있다. 이는 아기의 구체적인 성격의 특징을 나타내기도 하는데, 신생아가 하품하는 사진은 아이나 어른이나 모두 좋아하므로 특히 소중하다.

리사의 부모는 옆과 뒷머리는 길고 앞머리는 숱이 없는 아기의 머리 모양이 마냥 귀엽기만 하다. 자라나는 아기의 모습을 보면 미소를 그칠 수가 없다.

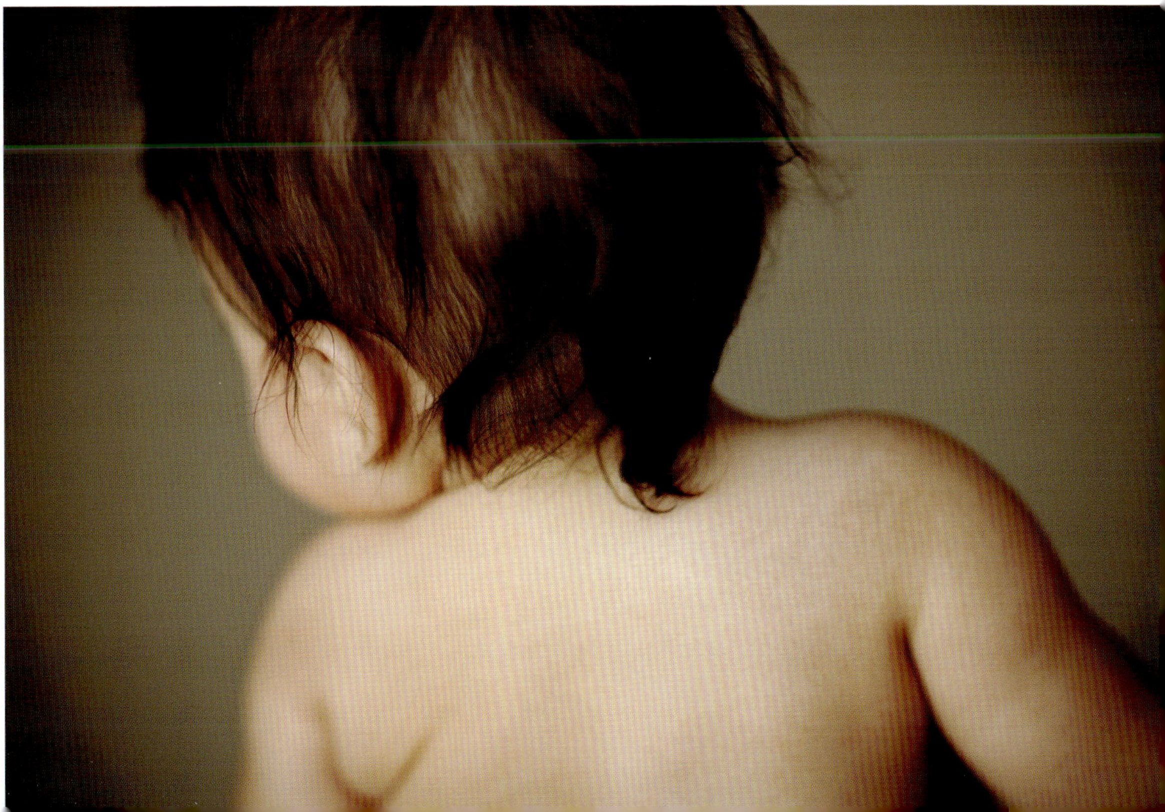

어린 루카스가 거실에서 자기가 제일 좋아하는 의자에 앉아 있다. 루카스는 엄마가 점심을 준비하는 모습을 유심히 바라본다.
카메라를 조금 비스듬히 기울이고 3분할법을 사용했다. 거실의 큰 소파와 스툴을 배경으로 설정해 의자에 앉은 루카스가 얼마나 작은지 강조했다.

세팅 : 목적이 있는 배경

마지막 스토리텔링 요소인 세팅은 간과하는 경우가 많지만 매우 중요하다. 다시 말하지만, 가장 좋아하는 책의 내용을 생각해 보라. 이야기가 벌어지는 장소를 모른다면 긴장감이 얼마나 줄겠는가? 사진의 배경 역시 마찬가지다. 배경은 아기의 이야기가 만들어지는 장소를 말해 준다. 신생아를 찍을 때나는 종종 엄마 아빠의 침대에서 연달아 사진을 찍는다. 커다란 침대는 때로 아기가 생후 1~2개월 동안 지낼 배경이기 때문이다. 아기가 아기 침대로 옮겨가면 위에서 찍든 정면에서 찍든 나만의 독특한 시각에서 아기 침대를 찍는다. 목욕을 좋아하는 아기라면 욕조가 훌륭한 배경이 된다. 안아 주는 것을 좋아하는 아기라면 아빠의 품이 적합한 배경이다.

사진의 배경을 잘 찍는 비결은 적절하게 구도를 잡는 것이다. 이야기를 전달하는 데 필요한 최소한의 배경만 넣어야 한다. 너무 많은 배경과 부족한 배경 사이에서 균형을 찾으려면 연습이 필요하다. 하지만 귀여운 아기의 모습을 찍느라 절로 연습이 될 것이다! 새 생명이 만드는 많은 기적을 바라보며 느긋하게 아기와 교감할 수 있는 훌륭한 방법이 아닌가?

앞으로 이 책의 포토 레시피를 살펴보며 스토리텔링의 3요소 중 무엇이 강조되었는지 생각해 보라. 사진을 찍을 때 우리는 특정한 한 요소를 의식하기도 하고, 프레임에 잡힌 한 장면에 반해버리기도 한다. 하지만 하나의 사진에 세 가지 요소를 모두 담는다면, 와! 그 기쁨은 말로 표현하기 힘들다. 아기가 성장하는 모습에서 이야기를 찾아 화면에 담는다는 것은 아기에게 이렇게 말하는 것과 같다.

"아가야, 엄마는 언제나 너를 보고 있단다. 너의 웃는 모습만이 아니라 너와 함께 너를 사랑스럽게 만드는 모든 것

을 말이야!"

우리 아이들이 자라면 내가 찍은 그 모든 사진을 통해 엄마가 자신들을 보고 있었다는 것을 알아주기 바란다. 아이들이 겪어 온 갈등과 아이들을 있게 한 성장 단계(그리고 얼마나 빠른 속도로 컸는지), 그리고 우리의 모든 이야기를 낳은 놀라운 배경들을 보기 바란다. 이는 스냅 사진에서는 얻을 수 없는, 스토리 사진이 선사하는 영원한 선물이다.

아기 침대도 배경이 될 수 있다. 파스칼린이 새로 태어난 남동생을 좋아하기까지는 시간이 걸렸다. 블레이즈는 처음부터 껴안는 것을 좋아했는데, 누나에게는 다소 버거운 일이었다. 세 살배기 파스칼린이 어설픈 발음으로 블레이즈의 아기 침대에 들어가려고 동생을 꼬드기는 모습은 절대 잊지 못할 것이다.

3

0~3개월

조그마한 하품,
조그마한 울음,
조그마한 손

"아기에게 젖을 주려고 새벽 두 시에
일어나면서도 기쁨을 느꼈던
기억이 생생하다. 아들이 너무 오래 보고
싶었기 때문이다."
– 마거릿 드레블

나는 파스칼린이 태어나서 몇 개월 동안 어떠했는지 기억한다. 우리 집에서는 언제나 쌔근쌔근 잠을 자는 아기의 숨소리가 들렸다. 나는 파스칼린의 미세한 움직임, 까르륵거리는 소리, 옹알거리거나 칭얼거리는 소리에도 귀를 쫑긋 세웠다. 아기가 졸린 눈을 언제나 뜨나 기다리며 바라보기도 했다. 잠이 덜 깬 아기가 그토록 다양한 얼굴 표정을 지을 수 있다는 사실을 그때 처음 알았!

생후 3개월은 속절없이 지나가지만 다시는 돌아갈 수 없는 소중한 이야기들이 있다 : 소용돌이처럼 돌아가는 머리칼 모양, 너무나도 조그마한 손과 발. 새로 태어난 아기는 알아차릴 겨를도 없이 쑥쑥 자란다. 믿을 수 없는 이 마법 같은 시간을 사진에 담아 보는 것은 어떨까? 다음에 생후 3개월의 마법을 쉽게 찍을 수 있는 포토 레시피 10컷을 소개한다. 우선 몇 가지 방법을 알고 넘어가자.

신생아를 찍을 때 유용한 TIP 5

1 도움을 청하라

신생아는 고개를 가누지 못한다. 따라서 사진을 찍는 동안 아기를 안고 머리를 받쳐 줄 수 있는 사람을 구해야 한다.

2 목욕 후에 찍어라

목욕을 하면 체온이 올라가기 때문에 아기가 옷을 벗은 채 사진 촬영을 하기가 수월하다.

3 히터를 켜라

아기가 따뜻함을 느끼고 나른해지도록 난방을 하거나 히터를 켜도록 한다.

4 엄마 몸에 수건을 두르거나 어깨끈이 달린 캐미솔을 입어라

엄마의 가슴이나 팔에 안긴 신생아의 피부가 더 자연스럽게 연출된다.

5 흑백 사진을 찍어라

내가 찍은 신생아 사진에 흑백 사진이 많다는 것을 눈치 챘는가? 이유는 두 가지다.

첫째, 흑백 사진은 나에게 시공을 초월한 느낌을 준다. 그리고 그 느낌은 생후 몇 개월 동안 가장 두드러지는 것 같다.

둘째, 신생아는 피부가 민감해서 발진이나 염증 등이 잘 생긴다. 흑백 사진으로 바꾸면 이런 잡티들이 보이지 않는다.

첫 호흡, 첫 울음

나의 소중한 조카 그레이어 레이의 모습이다. 그레이어가 세상에 나오는 순간을 목격한 나는 항상 그 아이와의 끈끈한 유대감을 느낀다. 아기가 첫 숨을 쉬는 모습을 보는 것만큼 기적적인 순간도 없다. 애를 낳으면 정신이 없어 사진 찍을 경황이 없겠지만 배우자나 가족, 친한 친구에게 아기가 태어나서 처음으로 경험하는 순간들을 찍어달라고 부탁하라. 머리와 몸의 치수를 재고 저울에 놓이는 아기는, 아빠의 손가락을 처음으로 꼭 움켜쥐고 강보에 싸인 고요한 순간을 처음으로 맛본다. 이때만큼 아기의 눈이 작고 순수할 수는 없을 것이다.

촬영 시간 아기가 태어난 후 5~30분 사이.

준비할 일 아기가 태어난 후 30분 동안은 혼란과 경이로움의 연속이다. 무엇을 찍고 싶은지 미리 정하고, 사진 찍는 사람에게 어떻게든 원하는 장면을 얻도록 집중해달라고 요청하라. 또 빛의 조건이 좋지 않다는 점을 유념해야 한다. 낮이든 밤이든 커튼이 쳐져 있을 것이다. 간호사가 아기의 몸무게와 치수를 재기 위해 눕힐 때 아기가 춥지 않도록 온열 램프를 켜는데, 이 온열 램프는 사진 찍기에 유리한 빛을 제공한다. 누가 찍든 아빠와 간호사들이 아기의 몸무게와 치수를 재려고 아기 주위에 모여들 때 그 사이를 비집고 들어가야 한다. 더이상 비집고 들어갈 공간이 없을 때 나는 뒤에 의자를 준비해 놓고 그 위에 올라가 갈등(행위)을 찍는다.

콤팩트 디카 사용자 입원실은 빛 조건이 아주 좋지 않기 때문에 십중팔구 플래시를 터트려야 한다. 하지만 플래시로 아기와 간호사의 신경을 건드리고 싶지는 않을 것이다. 감도^{ISO}를 높이는 방법이 있지만, 카메라에 따라서는 화질이 떨어질 수 있다. 가능하면 스토리 사진을 찍도록 노력하라. 특히 몸무게와 치수를 재는 아기의 모습, 조그마한 손과 발 등이 좋다. 플래시를 끌 수 있는 기종이라면 그렇게 하라. 또 콤팩트 디카에서는 인물 사진 모드를 이용해 보라. 카메라가 제공할 수 있는 가장 흐린 배경 효과를 얻을 수 있다.

DSLR 사용자 DSLR 카메라에서는 플래시를 끌 수 있다. 짜증난 간호사에게 카메라와 함께 내쫓기고 싶지는 않을 것이다(아기를 다루는 간호사의 어깨 위에서 플래시가 터지면 일어날 수 있는 일이다). 그 다음 감도를 800으로 높여 빛이 더 들어오게 하라(내 경우처럼 온열 램프의 빛을 충분히 받지 못한다면). 조리개 우선 모드로 설정하고 조리개를 최대한 열어라. 조리개값이 낮을수록 빛이 더 들어와 배경이 더 흐려진다.

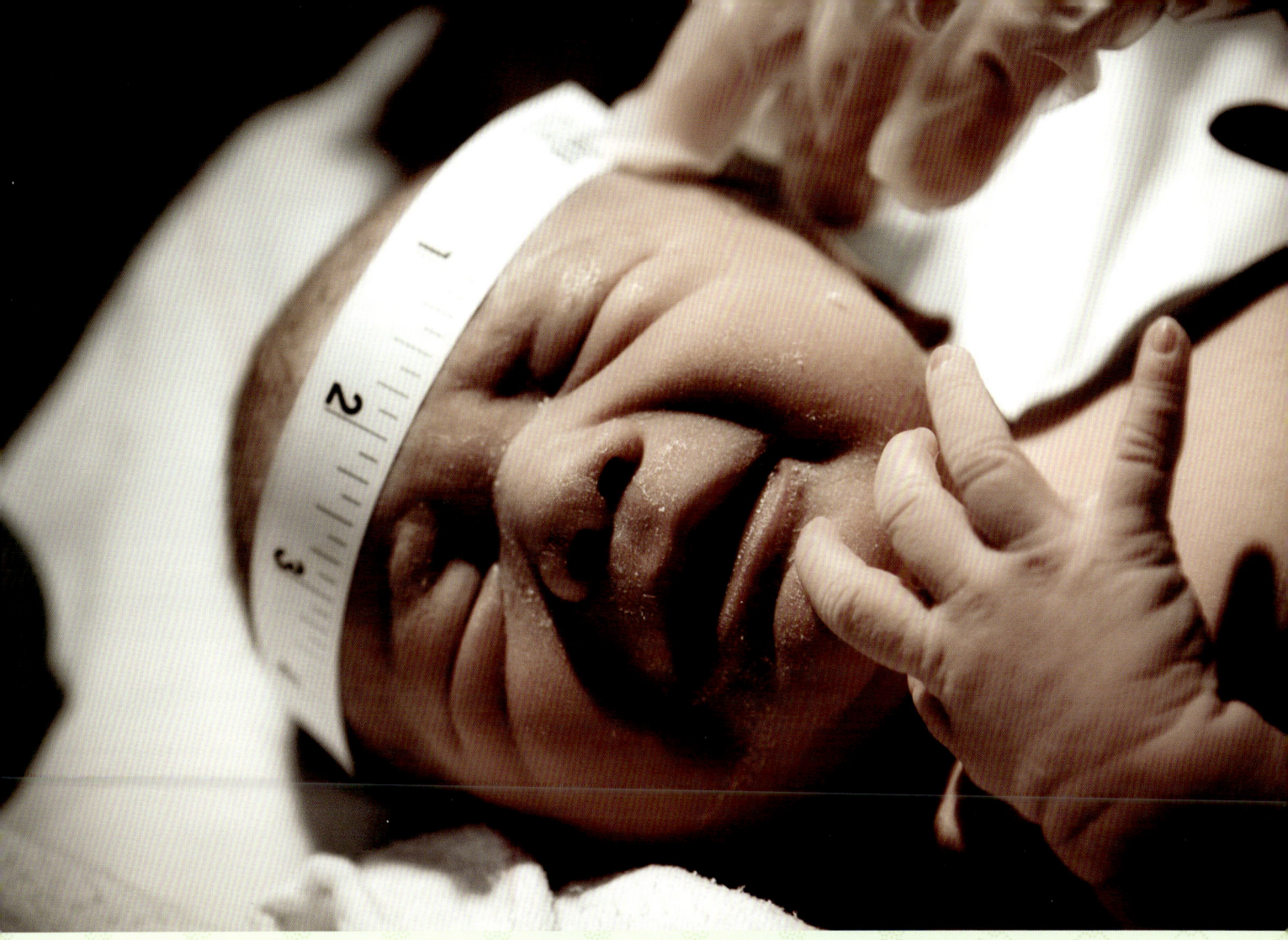

나의 DSLR 설정 흐린 배경 효과를 얻기 위해
조리개를 f/2.8로 열었다. 온열 램프에서 나오는
밝은 빛 덕분에 200의 낮은 감도를 사용했다.
셔터 속도는 1/80초(80)로 선명한 사진이
나올 정도로 빠른 속도이지만, 대부분의 빛을
받기에는 충분하다.

● **구도**   이런 사진을 찍을 때는 1초가 급하기 때문에 가로로 찍을지 세로로 찍을지 생각할 겨를이 없다. 대신 최대한 화면을
● 아기로 꽉 채워라. 화면을 아기로 다 채우지 못하면, 반드시 화면에 보이는 다른 요소들이 이야기에 흥미를 더하도록 만들
● 어라. 산만한 느낌만 주는 크고 어수선한 배경은(입원실의 개수대, 화장실 문, 소파 등) 피해야 한다. 사진 찍는 사람에게 멀
● 리서 찍어달라고 요청하라. 이 순간은 그야말로 순식간에 지나가기 때문에 이때 찍은 사진은 모두 좋아하게 될 것이다.
●
● **사진 찍기**   아기 얼굴에 초점을 맞춰라. 특히 눈에 초점을 맞추면 좋다(물론 아기의 손과 발을 찍는 게 아니라면). 아기의 눈이
● 화면 중앙에 있지 않다면, 눈이 중앙에 오도록 구도를 다시 잡고 초점을 고정하라. 그런 다음 원래 구도로 돌아와 사진을
● 찍어라.

집중, 집중, 집중!

조산원이나 집에서 아기를 낳을 경우 그나마 덜 부산하기 때문에 사진을 찍
을 여유가 있다. 그러나 병원에서는 무슨 이유에선지 일이 급박하게 진행되
는 것 같다. 파스칼린과 블레이즈는 병원에서 낳았는데, 아기가 태어나자 모
든 일이 순식간이었다. 아기의 입을 세척하고, 탯줄을 묶어 자르고, 몸무게와
치수를 재고 나면 산모에게 "자 보세요"라고 말한다. 그제야 강보에 싸인 아
기가 엄마 품으로 돌아온다. 몇 시간이 정신없이 지나간다.

  병원에서 출산하는 경우라면 여섯 개의 스토리 사진 목록을 만들어, 설정
한 장면들을 무슨 일이 있어도 꼭 찍어 달라고 사진 찍는 사람에게 신신당부
하라. 하지만 그 사람이 장면을 놓치거나 사진 찍어 줄 사람이 없을 때는 어떻
게 할까? 겁내지 마라. 블레이즈가 태어났을 때 나는 커다란 카메라를 침대맡
에 두고 촬영할 준비를 해놓았다. 블레이즈가 태어난 시간이 밤 10시였는데,
나는 다음날 아침에 침대에서 나와 아기를 저울 위에 올려놓고 '저울 사진'을
찍었다. 전날 밤에는 찍을 수 없었으니 말이다. 그리고 숙모가 찾아오자 블레
이즈를 안고 창가에 서 달라고 주문해 번들 렌즈로 사진을 찍었다. 간호사가
들어와 사진 찍는 나를 다시 침대에 들여앉혔지만 사진은 얻었다.

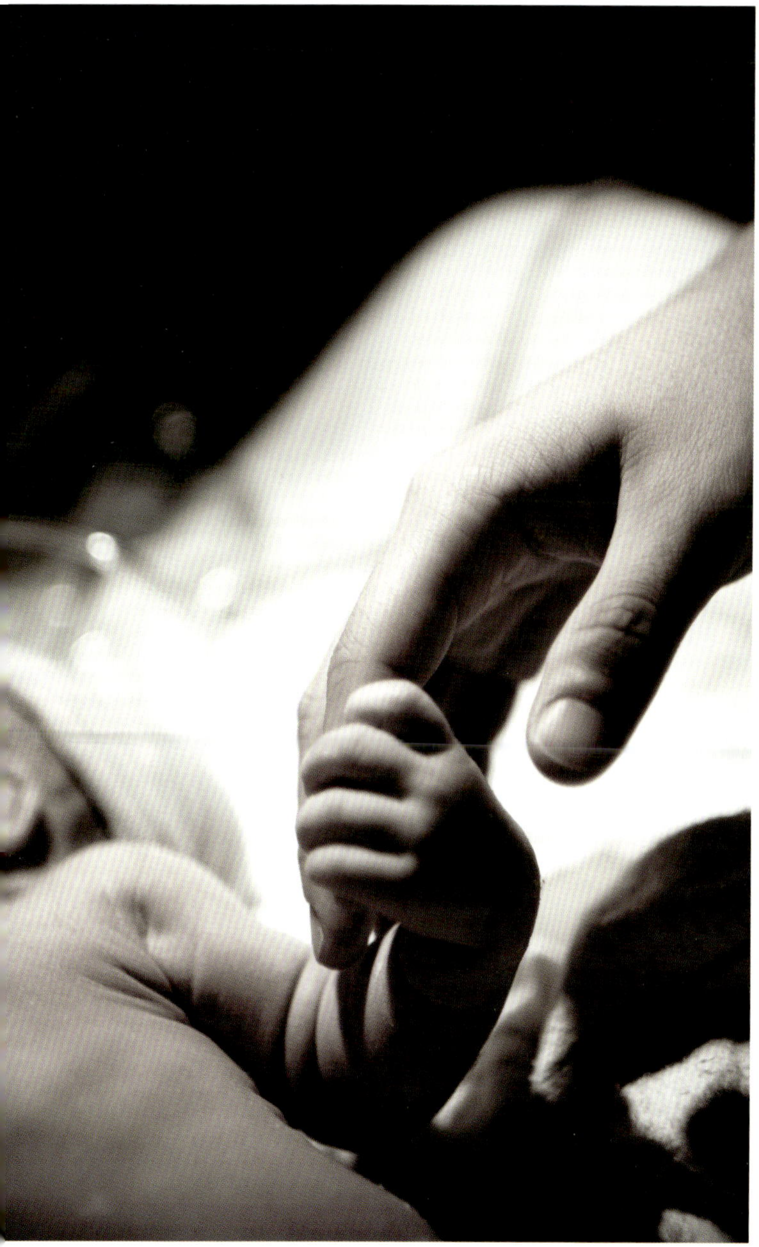

나의 DSLR 설정 1/640초(640)에 f/1.6, ISO 400.

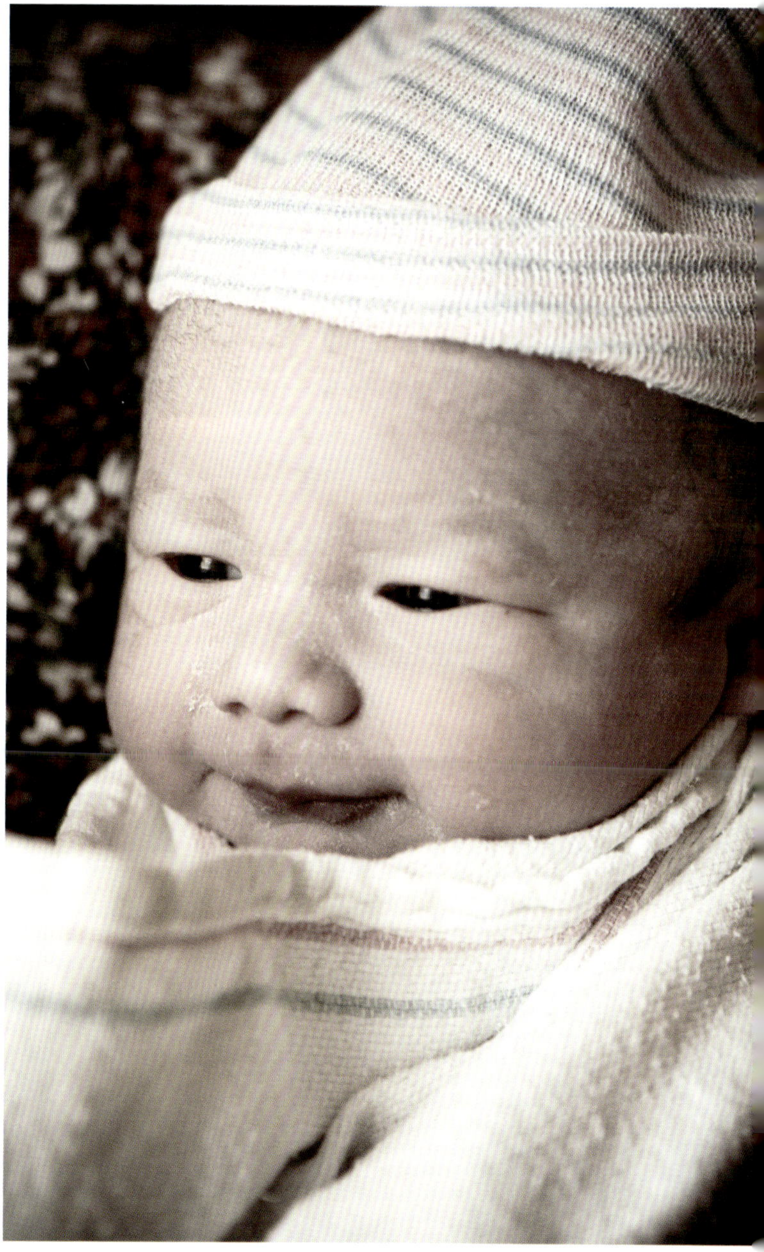

나의 DSLR 설정 1/80초(80)에 f/2.8, ISO 800.

따뜻하고 조용한 목욕 시간

나는 이 날의 촬영을 절대 잊지 못할 것이다. 아기 엄마는 여러 해 동안 이 아기를 갖기 위해 무진 애를 썼고, 그래서 이 작은 녀석은 상상도 못할 정도로 엄마에게 특별했다. 엄마는 아기가 목욕하는 것을 좋아한다고 말했다. 나는 편안한 분위기에서 아기와 함께 목욕을 할 수 있느냐고 물었다. 아기 엄마와 나는 고작 20분 전에 만난 사이였지만, 이야기를 나누면서 우리가 마치 오랜 친구처럼 느껴졌다. 아기 엄마는 내 제안을 받아들이기로 했다. 주문하지도 않았는데 아기 엄마는 조용한 목소리로 아기에게 노래를 부르기 시작했다. 아기는 곧바로 엄마의 목소리에 빠져들어 조용해졌다. 내게는 영원히 잊지 못할 순간이었다. 사진 찍는 사람이 편안하게 느껴진다면 이런 종류의 개인적인 사진도 찍어 보라.

촬영 시간 생후 5주 이내가 좋다. 목욕하는 사진은 언제라도 찍을 수 있지만, 태어난 지 몇 주 되지 않았을 때 아기의 움직임이 가장 조용하고 엄마에게 집중하는 경향이 있다.

준비할 일 우리 집과 같은 욕실이라면 빛 조건이 사진 찍기에 좋지 않다. 이 사진을 찍을 때 나는 욕실의 전등을 끄고 자연광만을 이용했다. 자연광을 이용할 수 없는 경우라면 등을 모두 켜는 게 좋다. 흑백 사진도 고려해 보라. 흑백 사진에서는 감정이 더욱 두드러지고, 열악한 욕실의 빛이 감춰진다(혹은 오래된 벽지라도 티가 나지 않는다!).

콤팩트 디카 사용자 빛이 어두울 때는 플래시를 터트려야 할지 모른다. 하지만 우선 감도를 높여 플래시가 터지지 않게 하라. 인물 사진 모드와 동작 모드를 모두 시험해 보라. 인물 사진 모드로 찍으면 배경이 더 흐려지고, 동작 모드를 사용하면 멈춘 듯 움직임을 담아낼 수 있다.

DSLR 사용자 플래시를 꺼라. 조리개 우선 모드로 설정하고 조리개값을 최대한 낮춰라. 조리개값이 낮을수록 빛이 더 들어와 배경이 흐려진다는 점을 기억하라. 사진이 너무 어두우면 26쪽의 박스를 참고하여 매뉴얼 모드로 바꾸고 셔터 속도와 감도를 조정하라(당신도 할 수 있다!).

구도 사진을 세로로 찍으면 화면에서 엄마의 팔이 잘려 엄마의 모습이 더 돋보인다. 과감하게 가까이 다가가 엄마와 아기로 화면을 꽉 채워라. 배경이 사진의 이야기에 보탬이 되지 않는다면 프레임을 좁혀 배경을 빼 버려라.

사진 찍기 아기의 눈에 초점을 맞춰라. 아기와 엄마의 거리가 매우 가깝기 때문에 둘 다 초점이 선명할 가능성이 크다. 그러나 엄마의 얼굴이 살짝 흐려도 괜찮다. 이야기의 중심은 엄마의 노래를 듣는 아기이기 때문이다. 아기의 눈이 화면 중앙에 있지 않다면, 눈이 중앙에 오도록 구도를 다시 잡고 초점을 고정한 후 원래 구도로 돌아와 찍는다.

사진이 너무 거칠다면

빛이 적어 감도를 높여야 한다면 사진이 거칠어질 수 있다. 이런 경우 나는 보정 작업을 통해(카메라가 아닌 컴퓨터의 소프트웨어를 이용해) 사진을 흑백으로 바꾼다. 대비 효과를 강화하면 작업이 끝난다. 사진이 거친 경우, 컬러 사진에서는 눈에 거슬리지만 흑백 사진에서는 시간을 초월한 느낌을 준다.

나의 DSLR 설정 배경을 흐리게 하려고 조리개를 아주 많이 열었다(f/1.6). 빛이 충분하지 않아 감도를 800으로 높여야 했다. 아기와 엄마의 동작을 순간 포착하기 위해 셔터 속도를 1/400초(400)로 높이는 방법을 택했다.

코와 코를 맞대고

갓난아기가 아직 잠에서 깨지 않은 상태라면, 아빠에게 아기와 코를 맞대라고 하면 어떨까? 나는 이 특별한 설정을 좋아한다. 아빠의 뚜렷한 옆얼굴과 신생아의 조그마한 옆얼굴의 대비가 볼만하다. 디테일을 포착한 재미있는 사진이다.

- **촬영 시간** 낮에 아기가 잘 때.

- **준비할 일** 아빠가 창문 앞에 앉아 팔꿈치를 무릎에 받친다. 아빠가 아기를 팔에 안고 상체를 앞으로 숙여 코를 아기의 코에 맞댄다. 아빠와 아기의 설정을 마친 다음에는 그들 뒤에 무엇이 있는지 보라. 가능하면 무늬가 없거나 창이 없는 벽면이 좋은데, 커튼을 핀으로 고정해 배경으로 이용해도 된다. 이렇게 하면 배경이 부드럽게 나온다.

- **콤팩트 디카 사용자** 플래시를 끄고, 인물 사진 모드를 선택하라. 배경이 최대한 흐려지고 인물의 초점이 가장 선명해진다.

- **DSLR 사용자** 플래시를 끄고 창으로 들어오는 자연광을 이용하라. 조리개 우선 모드로 설정하고 조리개값을 최대한 낮춰라.

- **구도** 아빠와 아기의 두상이 화면에 다 잡히는 가로 사진을 고려해 보라. 가까이 다가가거나 줌을 이용해 가능한 두 사람의 머리와 옆얼굴로 화면을 꽉 채워라. 다가갈 때 아빠의 머리는 다 나오지 않아도 괜찮지만, 머리칼과 옆모습은 충분히 보이게 하라. 화면 아래에서 아빠의 손에 받쳐진 아기의 머리는 전체가 다 보이게 하라.

- **사진 찍기** 아기의 코에 초점을 맞춰라. 이 사진은 아기가 아주 작다고 이야기한다! 조그맣고 둥근 아기의 코에 초점을 맞추면 우리의 눈은 자연스레 코끝을 주목하게 되고, 대비 효과로 인해 그 외의 모든 것이 매우 크게 보인다. 아기의 코가 화면 중앙에 있지 않다면, 코가 중앙에 오도록 다시 구도를 잡고 초점을 고정하라. 그런 다음 원래 구도로 돌아와 사진을 찍어라.

아빠도 멋지게!

이 구도는 여러 면에서 아빠가 잘 나온다. 아빠가 팔꿈치를 무릎에 받치기 때문에 아기의 얼굴 위로 상체를 숙여야 한다. 이때 아빠의 목이 자연스럽게 늘어나 이중턱이 생기지 않는다. 아빠의 몸이 더 나오도록 줌렌즈로 피사체를 줄이거나 뒤로 물러나 찍으면, 이 자세에서 아빠의 가슴이 펴지게 된다(그래서 아내의 임신 중에 함께 먹어 찐 뱃살이 가려진다). 어버이의 날에 찍으면 안성맞춤인 구도다!

나의 DSLR 설정 이 사진도 조리개를 아주 많이 열었다(f/1.4). 감도를 100으로 하기에는 빛의 양이 너무 적어서 400으로 높였다. 셔터 속도는 동작을 순간 포착하면서도 빛의 양을 충분히 확보하기 위해 1/250초 (250)로 했다.

조그마한 하품

갓난아기 얼굴의 갈등을 생각할 때 무엇이 떠오르는가? 나는 배고픈 아기가 젖병을 움켜쥐고 머리를 앞뒤로 까닥거리며 보채는 순간이라고 생각한다. 하지만 내가 가장 좋아하는 장면은, 아기가 깨어나기에는 너무 피곤하고 잠이 들기에는 덜 피곤한 어중간한 상태다. 나는 이를 '하품의 나라'라고 부른다. 아기가 하품하는 모습을 쉽게 찍을 것 같지만(아기들은 늘 먹거나 자는 것처럼 보이니까) 놀랍게도 생각할 것이 너무 많다. 그래서 내가 쉬운 방법을 알려주려고 한다! 비결은 하품이 최고조에 이를 때, 즉 입을 가장 크게 벌린 극적인 순간을 잡는 것이다.

촬영 시간 목욕을 마친 후처럼 아기가 졸려 할 때. 낮시간이 가장 좋다.

준비할 일 엄마와 아기의 피부가 자연스럽게 드러나도록 타월로 감싸라. 창가에 서되, 창에서 30~40센티미터 이상 떨어지지 마라. 이 사진을 찍을 때는 내가 창에 기대고 아기와 엄마는 창에서 30~40센티미터 떨어져 있었다. 자연광을 이용하면 피부가 화사하게 나오는 것 같다. 자연광이 충분하다면, 엄마가 의자나 침대에 앉아 아기를 안고 있는 포즈도 시도할 만하다.

콤팩트 디카 사용자 플래시를 꺼라. 연속 촬영 모드로 설정하고, 인물 사진 모드를 선택하라. 이 사진의 핵심은 연속 촬영 모드다. 즉 셔터를 누르는 동안 카메라가 매우 빠른 속도로 연속해서 사진을 찍는 것이다. 그러면 하품하는 과정을 모두 카메라에 담을 수 있기 때문에 최고조의 순간을 놓치지 않게 된다. 조그마한 하품은 순식간에 지나가지만, 아기들은 몹시 졸려 하기 때문에 순간을 포착할 기회가 많다!

DSLR 사용자 플래시를 꺼라. 이 사진에서는 조리개값을 낮추어 흐린 배경과 대비되는 최고조의 하품이 마법처럼 느껴진다. 카메라를 조리개 우선 모드로 설정하고 조리개를 최대한 열어라. 연속 촬영 모드로 하품의 전 과정을 찍어라.

구도 사진을 세로로 찍으면 엄마의 키가 커 보이고 모든 것을 감싸 안는 느낌을 주는 한편, 엄마의 가슴에 안긴 아기의 모습이 두드러진다. 이런 구도는 또한 엄마를 날씬하게 보이게 한다. 최대한 가까이 다가가 엄마와 아기의 머리로 화면을 꽉 채워라. 아기의 하품이 사진의 중심이 되어야 하므로, 그것을 방해하는 것들은 화면에 넣지 마라.

사진 찍기 아기의 입술에 초점을 맞춰라. 아기의 입술이 화면 중앙에 있지 않다면, 입술이 중앙에 오도록 구도를 다시 잡고 초점을 고정하라. 그런 다음 원래 구도로 돌아와 사진을 찍어라.

엄마를 빛나게!

아빠들이여, 사진으로 크게 점수를 딸 기회다! 대부분의 여성은 출산 후 자신의 몸매를 불만스러워한다. 사진으로 출산한 아내의 기분을 좋게 하려면, 화면에 아내의 몸이 다 나오지 않게 구도를 잡아야 한다. 이 사진에서는 엄마의 팔 길이와 너비가 절반 정도만 보인다. 이렇듯 손쉬운 촬영 전략으로 아내를 즐겁게 할 수 있다. 이때 여성들이 기억할 일은, 아빠들은 정반대로 해야 좋아한다는 것이다. 팔이 많이 나올수록 근육이 더 보이기 때문이다!

또 아내에게 아기를 내려다보게 해서는 안 된다. 삼중턱이 생긴다. 대신 눈높이 바로 아래의 무언가에 시선을 고정하게 하라. 이런 점에 초점을 맞추면 삼중턱이 보이지 않으면서 친밀감이 느껴지는 포즈가 나온다.

나의 DSLR 설정 배경을 흐리게 하려고 조리개를 아주 많이 열었다(f/1.2). 침실이 어두워서 감도는 800으로 했다. 셔터 속도는 1/200초(200)로 설정해 움직임 속에서 하품하는 순간을 담을 수 있었다.

소용돌이 모양의 머리칼

내가 좋아하는 발달의 특징 중 하나는 잠깐 동안 나타나는 소용돌이 모양의 머리칼이다. 생후 2개월 동안에는 엄마의 관심이 귀여운 소용돌이 머리칼에서 아기가 잠결에 머리를 비비면서 점점 허옇게 드러나는 머릿밑으로 옮겨갈 것이다. 아기의 많은 발달의 특징과 마찬가지로 소용돌이 머리칼은 순식간에 지나간다. 사라지기 전에 이 사랑스러운 모습을 사진에 담아라.

- **촬영 시간** 생후 6주 이내, 낮에 아기가 잘 때.

- **준비할 일** 남편에게 창가에서 아기를 안고 서라고 주문하라. 사진 찍는 사람은 창이나 벽에 기대어 삼각대처럼 몸을 고정시켜라.

- **콤팩트 디카 사용자** 플래시를 꺼라. 인물 사진 모드를 선택하여 배경을 더욱 부드럽고 흐리게 처리하라.

- **DSLR 사용자** 플래시를 꺼라. 인물 사진 모드를 선택하고, 조리개를 최대한 열어라. 조리개값이 낮을수록 배경으로 보이는 부모가 흐리게 나온다.

- **구도** 발달의 특징을 나타내는 사진이므로 중요하지 않은 배경은 제거하고 아기의 머리로 화면을 꽉 채우는 것이 좋다. 갓난아기의 머리는 대개 원뿔 모양이다. 따라서 세로 사진을 찍으면 아기의 좁은 머리가 강조된다. 화면을 꽉 채운다는 의미가, 아기 외에 어느 것도 보이게 하지 않는다는 뜻일까? 반드시 그렇지는 않다. 우선 자문해 보라. '어떤 이야기를 담을까?' 지금의 소용돌이 머리칼은 불과 몇 주 동안 나타났다 사라지는 것이지만, 이는 인생에서 연약한 시절을 상징한다. 소용돌이 머리칼을 강조하기 위해, 나는 아기에게 가까이 다가가 아기의 머리로 화면을 꽉 채웠다. 카메라 조건상 가까이 다가갈 수 없다면 줌 기능을 이용하라. 또 이 사진에는 더 깊은 이야기가 숨어 있다. 이 사진은 아기가 부모 특히 아빠의 손에서 매우 안전하다는 것을 보여 준다.

- **사진 찍기** 소용돌이가 시작되는 아기 머리 한가운데에 초점을 맞춰라. 소용돌이 시작 부분이 화면 중앙에 있지 않다면, 그 부분이 사진 중앙에 오도록 다시 구도를 잡고 초점을 고정하라. 그런 다음 원래 구도로 돌아와 사진을 찍어라.

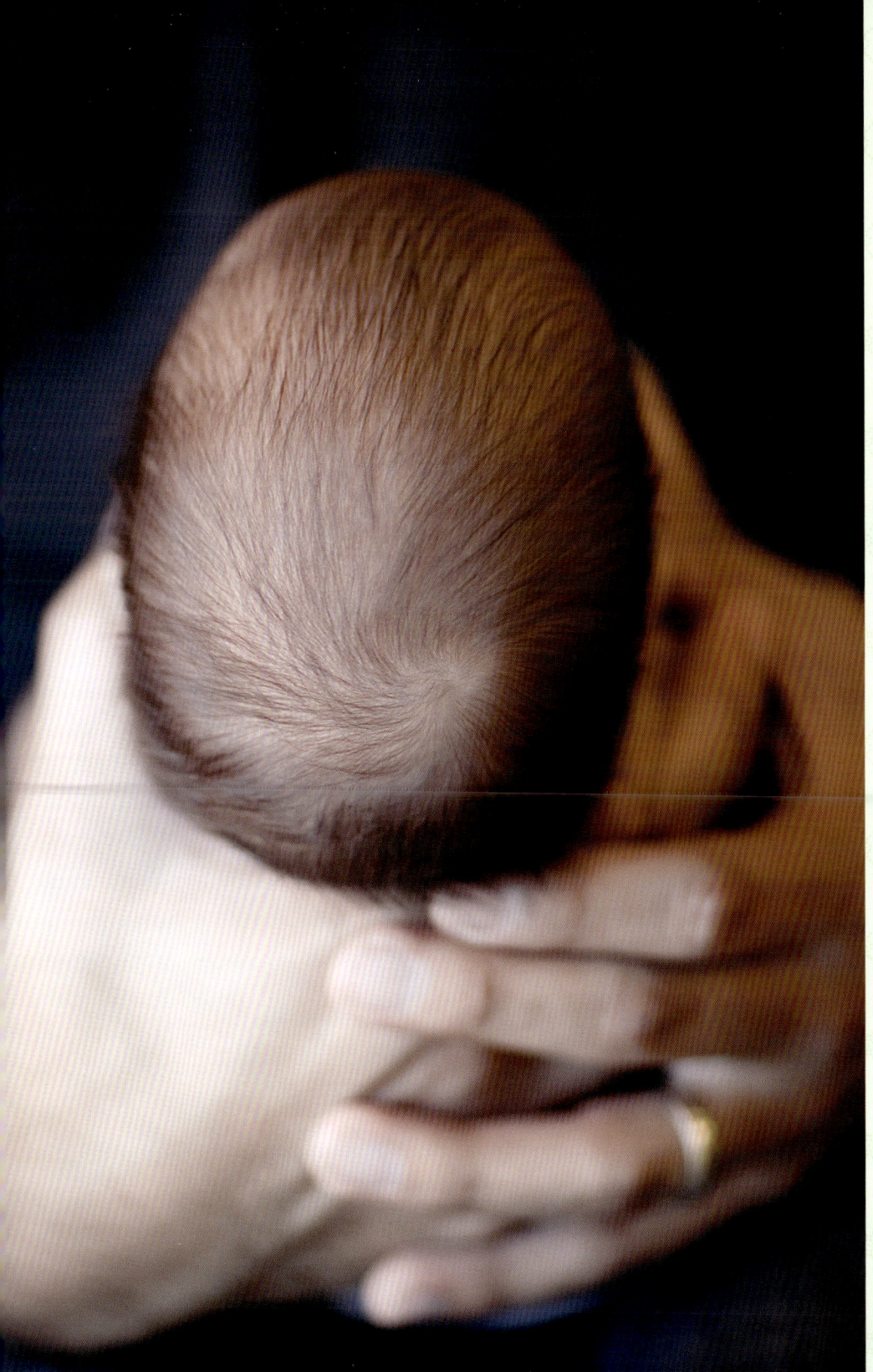

부족한 게 낫다

사진에 아빠 모습을 얼마나 작
게 넣을까? 그래도 아빠의 존재
를 알릴 수 있을까? 얼굴을 보이
지 않으면서도 아빠의 힘을 전달
할 수 있을까? 이는 사진 촬영을
할 때 던질 수 있는 흥미로운 질
문이다. 이 사진에서 나는 아빠
의 손만 넣기로 했다. 아기의 소
용돌이 머리칼로 화면을 채우고
안전한 느낌을 주기 위해 아빠의
손을 넣었다. 얼굴은 보이지 않
지만 아빠의 존재감을 느낄 수
있다.

나의 DSLR 설정 조리개를 아주 많이
열어(f/1.4) 배경을 흐리게 처리했다.
침실이 많이 어둡지 않아 감도는 400으로
했다. 셔터 속도는 1/250초(250)로
설정해 순간적인 움직임을 잡았다.

조그마한 손

아기의 발만큼이나 아기의 손도 아주 작다. 갓 태어난 조카 그레이어가 몸무게를 잴 때 내 남동생이 조그마한 아기의 손을 잡았다. 세상에 나온 지 30분도 채 되지 않은 이 아기가 어떻게 남동생의 손가락을 감아줄 수 있었는지! 남동생의 표정이 변하는 게 보였다. 남동생은 경외감과 겸허함에 휩싸였고 곧바로 아빠가 될 마음의 준비를 마쳤다. 작고 연약한 아기의 손은 첫 아기를 얻은 부모가 결코 예상할 수 없는 어떤 힘을 지닌다. 앞으로 몇 해 동안 그 작은 손이 점점 토실토실해질 텐데, 어떻게 아기의 손을 이야깃거리로 삼지 않을까?

촬영 시간 가장 좋은 시간은 아기에 따라 다르다. 나는 때로 아기가 잘 때 이 사진을 찍으려고 하지만, 잠에 취한 아기는 아빠의 손을 잡을 수 없다. 그런데 때로는 자면서 아빠의 손을 있는 힘을 다해 잡는 아기도 있다.

준비할 일 자연광으로 찍을 수 있도록 아기와 부모의 손을 창가에 두라. 나는 아기가 우주복을 입거나 기저귀만 차는 것을 좋아한다.

콤팩트 디카 사용자 플래시를 꺼라. 연속 촬영 모드로 설정하고, 배경이 흐려지도록 인물 사진 모드를 선택하라. 조그마한 손이 사진의 주제이므로 배경을 흐리게 처리하는 것은 매우 중요하다. 이야기를 방해하는 것은 무엇이든 넣지 마라.

DSLR 사용자 플래시를 꺼라. 인물 사진 모드를 선택하고, 조리개를 최대한 열어라. 조리개값을 3.5나 5.6 이하로 낮출 수 없을 경우 더 넓은 조리개를 가진 50mm 단렌즈가(조리개값을 더 낮출 수 있다) 사고 싶어질 것이다.

구도 나는 아기와 부모의 유대감을 이야기하고 싶었다. 가로 사진에서 꽉 움켜쥔 아기의 손과 팔이 더 많이 보이므로 이야기를 더욱 강조하는 것 같다. 하지만 가로나 세로 사진 모두 괜찮다. 어떻든 손을 화면 중앙에서 벗어나게 하라. 가까이 찍든 멀리 찍든 줌렌즈로 다양한 각도에서 여러 장의 사진을 찍어라. 어떤 사진이 이야기와 사진의 목적을 가장 잘 전달하는가?

사진 찍기 아기의 손에 초점을 맞춰라. 아기의 손이 화면 중앙에 있지 않다면, 손이 중앙에 오도록 구도를 다시 잡고 초점을 고정하라. 그런 다음 원래 구도로 돌아와 사진을 찍어라. 아기 손 이외의 다른 피사체의 초점이 모두 흐리다면 완벽한 것이다. 조그마한 아기의 손에 최대한 시선을 집중시켜라.

나의 DSLR 설정 배경을 흐리게 하려고
조리개를 아주 많이 열었다(f/1.4). 거실이
많이 어둡지 않아서 감도를 400으로 했다.
셔터 속도는 1/800초(800)로 조금 빠르게
설정해 움직이는 손의 동작을 선명하게
포착할 수 있었다.

커다란 침대

나는 파스칼린이 태어난 후 첫 달을 기억한다. 나는 지쳐 있었다. 4.6킬로그램의 아기를 낳고 산후조리를 하면서 밤에 젖을 먹이다 보니 녹초가 되었다. 대부분의 시간을 침대 위에서 지냈던 것 같다. 침대는 파스칼린에 비해 너무나 커 보였다. 침대 시트는 우리를 따뜻하게 감싸려는 새하얀 파도 같았다. 아침에 브라이언은 침대 위에서 나와 함께 아기의 숨소리를 들었다. 이 작은 기적에 완전히 넋을 잃은 채 말이다. 우리의 침대는 내가 가장 좋아하고 소중히 여기는 추억이 담긴 곳이다. 부모가 편하게 여긴다면 나는 그들에게도 이런 추억의 순간을 남겨주고 싶어한다. 아기 허드슨과 아빠의 이 사진처럼.

촬영 시간 침실에 기막힌 자연광이 들고 아기가 바로 잠들었을 때.

준비할 일 나는 아빠와 아기 모두 윗옷을 벗은 것을 좋아한다. 부모만이 경험하는 친밀하고 사적인 침실 분위기를 연출하기 위해서다. 아기를 침대 한쪽에 눕히고, 아빠는 아기 뒤에 눕는다. 아빠의 얼굴과 팔이 보이도록 아빠 밑에 베개를 몇 개 괴인다(이 사진에서 아빠가 베개를 세 개나 깔고 누웠다는 것을 쉽게 알아챌 수 없을 것이다. 베개를 이용해 아빠가 아기 옆에 누웠다는 느낌을 살릴 수 있었다). 시트를 부풀려 아기를 감싸라. 무늬 있는 시트보다는 흰색이나 단색의 시트를 권한다. 무늬는 주위를 산만하게 하는 반면, 흰색 시트는 빛을 반사하여 화면을 화사하게 만든다. 아기의 머리가 조금 앞쪽으로 기울어지도록 머리를 베개로 받쳐라. 아기가 추워서 깨지 않도록 난방을 올리는 것도 나쁘지 않다.

콤팩트 디카 사용자 플래시를 꺼라. 인물 사진 모드를 선택하여 배경을 흐리게 처리하라.

DSLR 사용자 플래시를 꺼라. 조리개 우선 모드를 선택하고, 조리개값을 최대한 낮춰라(조리개를 최대한 연다). 50mm 단렌즈가 있다면 이 사진에 안성맞춤이다. 왜 그럴까? 50mm 단렌즈를 사용하면 더 넓게 사진을 찍을 수 있고, 조리개값을 크게 낮춰 배경에 보이는 아빠의 모습을 흐리게 할 수 있다.

구도 이 사진은 '연출된' 사진이다. 인기척 없는 이른 아침에 엄마 아빠의 커다란 침대 위에서 굽이치는 순백의 시트에 포근히 감싸인 아기의 이야기다. 가로 사진은 침대의 크기를 강조한다. 굽이치는 시트와 아기, 아빠의 모습을 모두 담을 수 있을 정도로 뒤로 물러서서 찍어라.

사진 찍기 아기의 얼굴에 초점을 맞추면, 배경의 아빠는 저절로 흐려진다. 아기의 얼굴이 화면 중앙에 있지 않다면, 얼굴이 중앙에 오도록 다시 구도를 잡고 초점을 고정하라. 그런 다음 원래 구도로 돌아와 사진을 찍어라. 다양한 각도를 시험해 보라. 틀에 박힌 사진에서 벗어나라. 허락이 된다면 침대 위에 올라서서 찍어도 된다.

나의 DSLR 설정 두 가지 이유로 조리개를 크게 열었다(f/1.7). 우선 더 많은 빛이 필요했고, 배경의 아빠도 흐려지게 하고 싶었다. 감도를 400으로 높이고 셔터 속도를 1/60초(60)로 했다(피사체가 움직이는 경우라면 이 속도로 모션 블러를 얻을 수 있다).

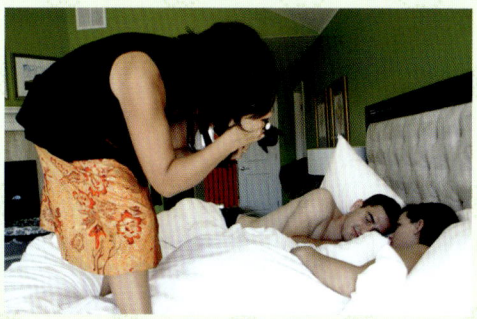

침대 위에서 촬영하는 내 모습.

3분할법

1장에서 설명했듯이, 3분할법은 사진을 찍을 때 화면을 가로와 세로로 3등분하는 구도의 기법이다(23쪽을 참고하라). 아기를 전략적으로 3분의 1 지점에 배치함으로써 이야기에 생동감을 더할 수 있다. 나는 허드슨을 아래 3분의 1 지점에 배치하고, 위 3분의 2 부분을 아빠와 시트로 채웠다. 다양한 3분의 1 지점에 피사체를 배치하며 시험해 보라.

조그마한 울음

어떤 경우에도 아기의 울음소리는 들려온다. 갓난아기의 울음소리는 절대로 놓칠 수가 없다. 아기가 몹시 화가 나면 동네가 떠나가게 울기도 한다. 그러나 이 울음은 분노와 함께 연약함을 표출하는 것으로 갓난아기만의 전유물이다. 무슨 연유인지, 아기가 울 때마다 내 마음은 녹아든다. 못되게 들릴지라도, 나는 아기의 우는 모습을 찍어야 한다. 위로가 될지 모르겠지만, 아기는 이 일을 기억하지 못할 것이고, 나중에 커서 이 사진을 보고 즐거워할 것이다!

촬영 시간 아기가 울 때. 그런데 늘 행복한 아기라면? 우리 아들은 배앓이를 할 때도 방긋거린다는 행복한 유언비어의 주인공이었다. 아기는 추위를 느낄 때 자주 운다. 아기의 옷을 벗기고(난방을 하지 않은 채) 무슨 일이 벌어지는지 보라. 못된 짓 같지만 좋은 방법이다.

준비할 일 엄마(혹은 아빠)가 창을 향하게 하라. 사진 찍는 사람은 정면에서 사진을 찍을 수 있도록 창을 등지고 서라.

콤팩트 디카 사용자 플래시를 꺼라. 연속 촬영 모드로 설정하고, 배경이 최대한 흐려지도록 인물 사진 모드를 선택하라.

DSLR 사용자 플래시를 끄고 아름다운 창가의 빛을 이용하라. 조리개 우선 모드를 설정하고 조리개값을 최대한 낮춰라. 조리개를 열수록 배경은 더 흐려진다. 그리고 아이의 감정도 더욱 두드러져 보인다.

구도 이 사진은 가로와 세로 구도 모두 어울린다. 핵심은 아기의 작은 울음을 이야기의 중심에 놓는 것이다. 이 순간에 엄마가 얼마나 쉽게 스트레스를 받을지 짐작이 되는가? 우는 아기의 사진은, 이 엄마로서는 촬영 전에는 상상도 못한 것이었다. 뿔이 난 아기와 침착하고 애정 어린 엄마의 감정의 대비가 기막히다. 엄마의 침착함은 깊은 사랑의 우물에서 퍼올린 것 같다. 엄마에게 볼을 아기의 옆머리에 대라고 주문하여 훨씬 더 애정 어린 분위기를 연출했다. 엄마와 아기 사이의 공백이 메워지면서 사진에 친밀감이 더해진다.

사진 찍기 아기의 눈에 초점을 맞춰라. 아기의 눈이 화면 중앙에 있지 않다면, 눈이 중앙에 오도록 다시 구도를 잡고 초점을 고정하라. 그런 다음 원래 구도로 돌아와 사진을 찍어라.

나의 DSLR 설정 배경을 흐리게
하려고 조리개값을 낮췄다(f/2.2).
이 사진은 침실 창가에서 찍었지만
빛의 양이 충분치 않아 감도를
500까지 높여야 했다. 셔터 속도는
움직이는 동작을 순간 포착하기 위해
1/320초(320)로 했다.

아기가 좋아하는 자세

지금 다섯 살이 다 되어가는 애비는 생후 5주 때부터 자신이 하고 싶은 것을 알았다. 애비는 아빠의 가슴에 등을 기대고 똑바로 앉는 것을 싫어했다. 엄마의 얼굴을 마주보고 안기는 것도 싫어했다. 애비는 엄마나 아빠의 팔에 비스듬히 배를 걸치고 엎드리는 것을 좋아했다(침이 흘러내리게). 내게는 겨우 두 달 된 아기가 자신이 무엇을 하고 싶은지 안다는 사실이 놀라웠다. 아기가 좋아하는 자세로 안긴 사진을 찍어 놓으면 아기가 자랐을 때 언제나 즐거운 추억거리가 된다.

촬영 시간 아침이나 이른 오후, 아기가 깨어 있을 때.

준비할 일 아침이나 이른 오후에 빛이 잘 드는 방을 선택하라. 아기가 춥지 않도록 난방을 올려라. 아기가 가장 좋아하는 자세로 아기를 안아라. 애비는 엄마 팔에 배를 걸치고 엎드리는 것을 좋아했다(사진을 찍을 때 어떻게 내게 아기의 침이 떨어지지 않았을까? 알아맞혀 보라! 내게 정말 침이 묻지 않았다). 나는 바닥에 누워 바로 위에 보이는 애비를 찍었다. 이 방식은 당신도 시도해 볼 수 있는 쉽고 창의적인 촬영 설정이다. 아기가 안길 때 마주보는 것을 좋아하거나 아빠의 가슴에 등을 기대고 앉는 것을 좋아한다면, 카메라를 아기의 눈높이에 대고 찍어 보라.

 이 사진은 '갈등' 장면이다. 여기서 갈등은 아기가 가장 행복한, 그래서 엄마도 행복한 자세다. 그 외 부수적인 갈등의 요소는 엄마의 팔에서 흘러내리지만 엄마를 화나게 하지는 않는 아기의 침이다. 결국 아기가 행복하면 엄마도 행복하다. 나는 이 핵심 요소들(아기의 얼굴과 침)을 강조하고 싶었다. 반면 배경에 보이는 엄마의 미소는 흐리게 처리했다.

콤팩트 디카 사용자 플래시를 끄고, 카메라를 연속 촬영 모드로 설정하라. 배경의 엄마가 살짝 흐리게 나오도록 인물 사진 모드를 선택하라. 아기의 얼굴에 집중된 시선이 흩어지지 않도록 엄마는 흐리게 나와야 좋다.

DSLR 사용자 플래시를 꺼라. 카메라를 조리개 우선 모드로 설정하고, 가능하면 조리개값을 F/2.8에 맞춰라. 이때 엄마가 너무 흐려지지 않도록 주의하라. F/1.8처럼 조리개값을 너무 낮추면 아기를 안은 엄마의 팔이 엄마의 다른 부분보다 더 또렷하게 나와 부자연스러운 느낌을 준다.

구도 이 사진은 세로로 찍었을 때 제격이다. 특히 아기를 바닥에서 올려다보고 찍기 때문에 그렇다. 마주보고 안긴 아기를 찍는다면 가로 구도가 더 나을지 모른다. 아기와 엄마의 얼굴로 화면을 채워라. 이때 앞에는 아기의 얼굴을, 배경에는 흐린 엄마의 얼굴을 배치하라.

사진 찍기 아기의 눈에 초점을 맞춰라. 아기의 눈이 화면 중앙에 있지 않다면, 눈이 중앙에 오도록 다시 구도를 잡고 초점을 고정하라. 그런 다음 원래 구도로 돌아와 사진을 찍어라.

나의 DSLR 설정 조리개를 최대한 열어
(f/2.8) 엄마의 얼굴이 아기 뒤에서
부드럽게 흐려지게 하라. 사진 촬영을 한
주방이 그리 밝지 않아서 감도를 400으로
높여 빛의 흡수력을 높였다.
셔터 속도는 1/400초(400)였다.
촬영 중에 애비가 움직여도 선명한 사진을
얻을 수 있을 만큼 빠른 속도다.

59

이야기가 있는 가족사진

새 식구를 맞이한 우리 가족의 이야기를 전하는 데 가족의 발, 특히 저마다 다른 크기의 발을 보여 주는 연하장보다 더 좋은 게 있을까? 나는 가족이 모두 카메라를 보며 '치즈~'라고 외치는 평범한 사진과는 다른 가족사진을 좋아한다. 가족사진을 찍을 때도 '치~스라고 말하지 않으면' 어떨까? 대신 새로 태어난 아기가 다른 가족에 비해 얼마나 작은지 말해 주는 사진을 찍어라.

촬영 시간 촬영 준비로 북적거리는 통에 아기가 겁먹지 않도록 아기가 잠들었을 때 찍는다. 낮에 침실이 가장 밝을 때를 기다려라.

준비할 일 이 사진은 양 부모가 모두 찍히므로 사진 찍어 줄 친구를 부르거나 삼각대를 설치하고 셀프타이머를 이용하라. 아기의 발이 부모의 발과 같은 높이에 오도록 두세 개의 베개를 아기 밑에 받쳐라. 가능하면 낮은 발판이 있는 침대를 이용하라. 이 사진에서는 살짝 굴곡이 진 침대의 가장자리 부분에 발을 놓아 우리의 몸과 블레이즈 밑에 있는 베개가 보이지 않게 했다. 바지를 걷어 올리거나 반바지를 입으면 더 좋다. 그리고 서로의 발을 기대라.

콤팩트 디카 사용자 플래시를 꺼라. 그리고 아기가 깨면 발을 움직일 수 있으므로 연속 촬영 모드로 설정하라. 배경이 흐리게 나오도록 인물 사진 모드를 선택하라. 양쪽에 약간의 여백만 남기고 화면에 침대가 꽉 차도록 줌아웃으로 피사체를 축소시켜라.

DSLR 사용자 플래시를 꺼라. 조리개 우선 모드로 설정하고 조리개를 최대한 열어라. 우리는 침대의 윗부분(과 세탁해 놓은 옷가지)을 흐리게 하기 위해 인물 사진 모드를 이용했다. 또 양쪽에 약간의 여백만 두고 화면을 침대로 꽉 채우기 위해 좀더 화각이 넓은 렌즈를 사용했다. 아기가 깨면 발을 움직일 수 있으므로 연속 촬영 모드를 이용하라.

구도 우선 가로 구도를 이용해 침대의 너비와 크기를 강조하라. 발에 카메라의 눈높이를 맞춰라. 그런 다음 박달의 특징을 잡고, 장면을 연출하라. 발달의 특징은 우리의 발이다. 서로 다른 발의 크기에 이야기가 있다. 하지만 발을 받쳐 주는 큰 침대가 없으면 사진의 효과가 떨어지므로 연출 또한 사진을 완성시킨다. 이야기의 요소가 무엇인지 알면 어디에 초점을 맞춰야 할지 알 수 있다.

사진 찍기 아기의 발에 초점을 맞춘 다음, 초점을 고정하라. 그리고 원래 구도로 돌아와 사진을 찍어라. 사진을 여러 장 찍을 준비를 하라. 아기가 발을 얼마나 꼼지락거리는지 놀랄 것이다. 하지만 연속 촬영 모드를 이용하면 도움이 될 것이다.

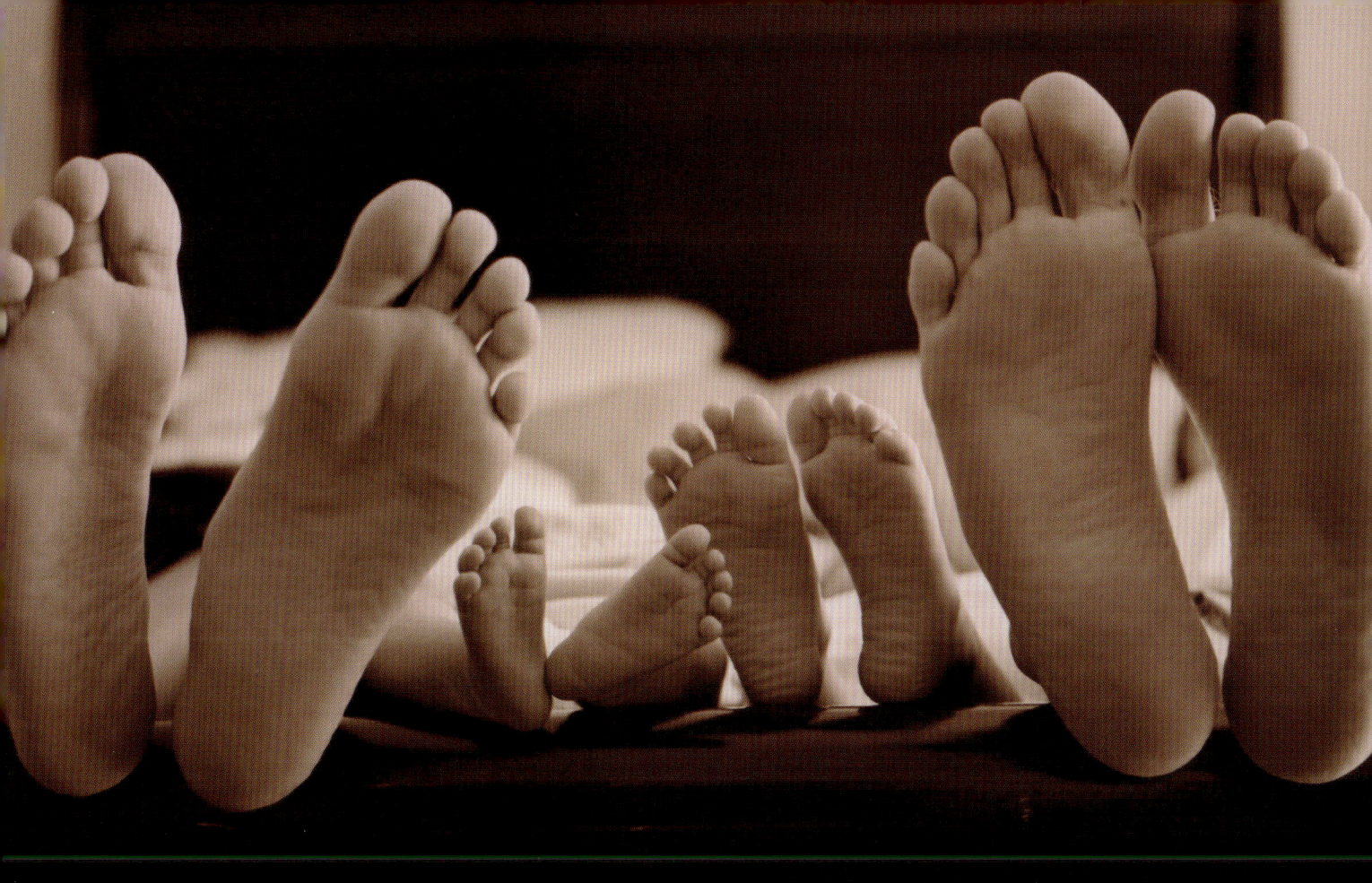

나의 DSLR 설정 뒤에 보이는 침대를 흐리게
하려고 조리개를 f/2.8로 열었다. 침실이 많이
밝지 않아서 감도를 400으로 높였다.
셔터 속도는 자연광을 최대한 받아들이면서
동작을 순간 포착하기 위해 1/100초(100)로
했다. 사진 촬영 : 폴라 화이트.

4

3~6개월

아휴,
깨물어주고
싶어

"신이 보내 준 아기가 우리를
사랑한다는 것은 예삿일이 아니다."
– 찰스 디킨스, 《골동품 가게》

지 난 3개월 동안 아기에게는 먹고, 자고, 깨끗한 기저귀를 차고 싶은 세 가지 기본적 욕구가
있었다. 때로 엄마는 아기가 젖과 우유를 주는 사람이 누구인지 알기나 할까 궁금했을
것이다. 그러다 돌연 세상이 변해 아기가 엄마를 올려다본다. 아기가 엄마를 보고 웃으면, 엄마는
완전히 넋을 뺏긴다. 잠만 자던 아기가 사물을 알아보고 눈치가 생긴다. 변화는 이것만이 아니다.
아기의 옷이 바뀌고, 울음이 바뀌고, 머리의 선이 바뀐다. 무엇보다 아기의 성격이 보이기
시작한다! 생후 3~6개월은 소중하면서도 극적인 변화의 시기다. 카메라로 이 시기의 변화를 담는
일은 신나는 모험이 될 수 있다. 다음에 아기가 성장하는 순간을 포착한 사진을 몇 컷 소개한다.
내가 좋아하는 사진들인데, 당신도 찍어보기 바란다.

3~6개월 아기를 찍을 때 유용한 TIP 5

1 쩽그렁거려라

이 시기의 아기는 자동차 열쇠 흔드는 소리에 깜박 죽는다. 사진 찍는 사람이나 도우미가 자동차 열쇠를 들고 렌즈 바로 위에서 쩽그렁거려라. 렌즈 위에서 딱 하고 손가락 부딪치는 소리를 내거나 도우미가 손뼉을 쳐도 된다. 나는 봉제인형은 건드리지 않는다. 아기가 인형을 뺏어가는 줄 알고 불안해할 수 있기 때문이다. 아기가 불안해하면 대개는 좋은 사진이 나오지 않는다.

2 소품을 이용해 아기의 몸을 지지하라

이 시기는 아기가 아직 똑바로 앉는 법을 배우는 단계다. 쿠션이나 베개를 이용해 아기가 잘 앉을 수 있도록 지지해 주라.

3 도우미를 구하라

아기를 지지해도 몇 초도 못 버티고 아기가 한 쪽으로 기울어진다. 누군가에게 아기가 쓰러질 때 다시(그리고 또다시) 지지해달라고 부탁하라.

4 아기에게 말할 때 크게 미소 지어라

이 시기에는 아기가 엄마의 표정을 모두 따라한다. 혼자 사진을 찍는 경우, 아기와 계속 눈을 맞출 수 있도록 회전형 LCD가 달린 틸트 라이브 뷰 ^{Tiltable} Live View 기능이 있는 DSLR을 구입하라. 아니면 카메라를 다른 사람에게 넘겨주고 아기에게 말을 건네거나 웃어라. 만족할 만한 반응이 올 것이다.

5 포만감과 뽀송뽀송함이 성공의 열쇠다

사진을 찍을 때 아기 배가 든든하고 기저귀도 뽀송뽀송한 상태라면 모든 것이 달라진다. 누구나 아는 상식이지만, 생각할 게 너무 많아 종종 잊기 쉽다.

잠자는 거인이 깨기 전에

핏덩이 같던 갓난아기가 두세 달 후에는 환하게 웃으며 포동포동 살이 오른 모습으로 변한다는 것이 놀랍지 않은가? 하루 종일 잠만 자던 아기가 어느 순간 호기심 어린 눈초리로 주변을 살피기 시작한다! 생후 3~4개월 사이에 일어나는 변화에 아기가 '잠자는 거인'처럼 느껴진다. 6개월이 되면 잠이 줄면서 아기가 세상에 눈을 뜬다. 그래서 3~6개월은 잠자는 거인이 깨기 전에 사진을 찍을 절호의 시기다.

촬영 시간 낮에 아기가 깊이 잠들었을 때.

준비할 일 아기가 자연광을 듬뿍 받으며 낮잠을 잘 수 있는 장소를 골라라. 검은색이나 어두운 색의 천을 깔고 아기를 눕혀라. 반드시 엄마와 함께 누울 수 있는 크기여야 한다. 아기는 기저귀만 채워라. 엄마는 꼭 흰색 옷을 입어라. 발가벗은 아기와 자연스럽게 어울리기 위해서는 캐미솔이나 티셔츠 차림으로 피부를 드러내는 것이 좋다. 엄마가 자는 아기에게 바싹 다가가야, 엄마가 고개를 숙였을 때 두 사람의 이마가 맞닿는다. 아기의 손을 가리지 마라. 사랑스러운 아기의 손을 꼭 보고 싶으니까! 아기를 세워 안은 모양이 되도록 엄마에게 바깥쪽 팔로(카메라에 보이는) 아기를 감싸게 하라. 이 자세는 아기의 몸을 둥글게 만들어 자궁 안에서 웅크리고 있는 태아의 모습을 연상하게 한다.

콤팩트 디카 사용자 플래시를 끄고, 인물 사진 모드로 설정하라. 흑백 사진 모드를 이용해 다양한 색조를 시험해 보라. 나는 주로 컴퓨터에서 색조를 조절하지만, 카메라에서 직접 조절해 보고 그 결과가 어떤지 보라. 이 사진은 엄마와 아기의 영원한 결속을 이야기한다. 흑백 사진은 그 무한함을 강조한다.

DSLR 사용자 플래시를 꺼라. 조리개 우선 모드로 설정하고, 조리개값을 f/3.5나 f/2.8로 낮춰라. 아기와 엄마 모두에게 초점을 맞춰야 하기 때문에 조리개값을 너무 많이 내릴 필요는 없다. 또 배경이 단순한 검은색이기 때문에 배경을 흐리게 하는 일에 크게 신경 쓰지 않아도 된다.

구도 세로 구도로 찍으면 아기의 몸을 위아래로 가장 많이 보이게 할 수 있다. 엄마의 팔이 부분적으로 보이도록 프레임을 좁혀라. 그러면 엄마가 날씬해 보이고 화면이 꽉 찬 느낌이 든다.

사진 찍기 내려다보고 찍을 수 있도록 한 발을 엄마나 아기 쪽에 딛고 침대 위에 올라서라. 엄마의 눈에 초점을 맞춰라. 엄마의 눈이 화면 중앙에 있지 않다면, 눈이 중앙에 오도록 구도를 다시 잡고 초점을 고정하라. 그런 다음 원래 구도로 돌아와 사진을 찍어라.

만족한 표정을 만들려면

내가 이 사진을 찍을 때 엄마들은 '자는 사진'이라고 생각하기 쉽다. 하지만 실제 자는 사람은 아기 한 사람뿐이다. 자는 엄마의 무표정한 표정이 나온다면 이 사진의 이야기는 사뭇 달라질 것이다. 나는 엄마에게 온화하고, 만족스러우며, 치아가 드러나지 않는 희미한 미소를 띠라고 주문한다. 이런 미세한 감정을 보태면 훨씬 더 친밀하고 따뜻한 느낌의 사진이 된다.

나의 DSLR 설정 조리개값은 f/2.8로 낮췄다. 침실이 그리 밝지 않아서 감도를 400으로 높여야 했다. 가능한 많은 자연광을 받도록 셔터 속도는 1/60초 (60)로 했다. 셔터 속도가 이 정도로 느리면 누군가 움직였을 때 모션 블러가 생길 수 있지만, 이 사진의 두 모델은 꼼짝도 하지 않아 흔들리지 않았다.

터미 타임

터미 타임tummy time이란 말을 처음 들었을 때 나는 소아과 의사를 다시 한 번 쳐다보았다. "무슨 타임이요?"라고 나는 물었다. 의사는 설명을 해주었지만 얼른 이해가 되지 않았다. 그런데 그즈음 어느 날 갑자기 4개월 반 된 우리 딸이 바닥에 배를 깔고 뒹굴다가 힘겹게 고개를 들어 주변을 살피는 게 아닌가. 그 말을 깨닫기 전에, 나는 손뼉을 치며 아기의 흥을 돋우고 있었고, 그 순간 전등불이 나갔다. 그때가 터미 타임이었던 것이다! 잠만 자던 아기가 하룻밤 사이에 변해 "안녕, 세상! 너의 모든 것을 보고 싶어!"라고 말하는 것 같았다. 안간힘을 쓰며 무거운 고개를 들어올리는 아기가 대견해하는 당신과 눈을 맞추고, 침을 흘리며 웃기 시작할 때 어찌 사진을 찍지 않을 수 있겠는가?

촬영 시간 낮에 아기가 엎드려 놀기 시작할 때.

준비할 일 아기가 바닥에 엎드려 있을 때 이런 종류의 사진을 찍고 싶어하는 부모들을 많이 만났다. 하지만 카메라에 틸트 라이브 뷰 기능이 없으면, 바닥에 엎드려 아기와 눈높이를 맞추기가 무척 힘들다. 그럴 경우, 아기를 소파나 식탁 위에 올려 놓아라(아기가 너무 빨리 몸을 굴려 떨어질 때를 대비해 반드시 도우미를 가까이 두어야 한다). 이는 아기의 위치를 올려 같은 눈높이에서 편하게 사진을 찍을 수 있는 방법이다. 또 자연광이 잘 드는 장소를 물색하라.

콤팩트 디카 사용자 플래시를 꺼라. 연속 촬영 모드로 설정해 아기의 동작을 가능한 많이 찍어라. 또 인물 사진 모드로 설정해 배경을 흐리게 처리하라. 그러면 시선이 아기에게 집중된다.

DSLR 사용자 플래시를 꺼라. 조리개 우선 모드로 설정하고 조리개를 최대한 열어라. 또 1초에 여러 장의 사진을 찍어 아기의 움직임을 놓치지 않도록 연속 촬영 모드로 설정하라.

구도 이 사진은 가로와 세로 구도 모두 좋다. 우리의 임무는 아기의 머리, 심, 양손으로 화면을 꽉 새우는 일이나. 몸을 굽혀 아기와 눈높이를 맞추면 정면에서 찍을 수 있다. 아기의 머리, 가슴, 힘이 들어간 팔, 작은 손으로 화면을 채워라. 다른 모든 것은 흐리게 처리하라.

사진 찍기 아기의 눈에 초점을 맞춰라. 아기가 카메라를 똑바로 쳐다보기 때문에 두 눈에 모두 초점이 또렷하게 맞아야 한다.

나의 DSLR 설정 배경을 흐리게 하려고 조리개를 많이 열었다(f/1.7). 거실이 많이 밝지 않아서 감도를 500으로 했다. 아기의 움직임을 순간 포착하기 위해 셔터 속도는 1/250초(250)로 했다.

초점이 맞지 않는다면

초점을 맞추려고 하는데 렌즈가 계속 철컥철 컥 소리를 내면서 왔다갔다하며 영 초점이 맞 지 않아 애태운 적이 있는가? 이때 쉬운 방법 이 있다. 반 발짝만 뒤로 물러서면 된다. 초점 을 맞추기 위해서는 단지 아기와의 거리가 좀 더 필요한 것일지 모른다.

나의 DSLR 설정 위의 사진과 같다. 이 사진은 20초 내에 빨리 찍어야 한다. 아기가 머리와 목에 피곤함을 느껴 이와 같은 사진이 찍힐 수 있다.

까꿍!

아기들은 조금만 놀라게 해도 좋아한다. 3~4개월 된 아기는 까꿍!을 진짜라고(장난이 아닌) 생각한다. 엄마가 이불이나 손바닥으로 얼굴을 가리며 즐겁게 놀래 주는 놀이를 하면 아기와 몇 시간이라도 놀 수 있다. 이 사랑스럽고 순수한 시기에 호기심 가득한 동그란 눈망울을 사진에 담아 보는 것은 어떨까?

촬영 시간 오전이나 오후, 아기와 남편(혹은 친구나 친척)과 함께 산책을 나갔을 때.

준비할 일 아기가 아빠 어깨 너머로 앞을 볼 수 있도록 아빠가 아기를 가슴 높이 안아라. 엄마는 아빠 뒤에서 몸을 굽혀 아기와 까꿍놀이를 하라. 얼굴을 가린 다음 함박웃음을 띠며 얼굴을 갑자기 내밀거나, 깡충 뛰어올라 아기에게 입맞춤을 한 다음 다시 쭈그리고 앉는 등 잘 알려진 방법대로 까꿍놀이를 한다. 아기가 아빠 어깨 위에서 엄마를 발견할 수 있다면 무엇이든 좋다. 아기가 흠뻑 놀이에 빠져 있을 때 몸을 낮춰 아기의 얼굴을 올려다보고 찍는다.

콤팩트 디카 사용자 플래시를 꺼라. 오전이나 오후의 산책 시간에는 충분한 햇빛을 받을 수 있다. 연속 촬영 모드로 설정하여 모든 동작을 포착하라. 아래에서 올려다보며 찍기 때문에 배경은 신경 쓰지 않아도 된다. 카메라를 자동 모드에 맞춰도 된다. 소니의 스마일 셔터처럼 자동 스마일 초점 기능이 있는 카메라도 있다.

DSLR 사용자 올려다보고 찍으면 하늘이 배경이 되므로 배경을 흐리게 할 필요가 없다. 사실, 이 사진은 자동 모드로 찍어도 된다. 하지만 이왕 DSLR을 사용할 거라면, 그 이점을 살려 매뉴얼 모드로 찍어라. 조리개를 f/2.8 이하로 최대한 열어라. 연속 촬영 모드로 설정하라. 감도를 400으로 설정하라. 아주 화창한 날이 아닌 한 실외에서 움직이는 사진을 찍으려면 감도는 400이 적당하다. 사진을 한 번 찍어 보고, 너무 밝게 나오면 셔터 속도를 높여라(예를 들어, 셔터 속도가 1/60초라면 1/200초로 바꿔라). 반대로 사진이 너무 어둡게 나오면 셔터 속도를 낮춰라(예를 들어, 1/500초라면 1/300초로 바꿔라).

구도 가로 구도는 아기의 동그랗고 통통한 얼굴을 강조한다! 아빠의 얼굴을 반대 방향으로 돌려 화면을 아기의 얼굴로 채우면 아빠의 존재를 아무도 눈치 채지 못할 것이다. 결국 이 사진이 전하는 이야기는 놀라움에 가득 찬 아기의 오동통한 볼과 반짝이는 눈이다.

사진 찍기 아기의 눈에 초점을 맞춰라. 아기의 눈이 화면 중앙에 있지 않다면, 눈이 중앙에 오도록 구도를 다시 잡고 초점을 고정하라. 그런 다음 원래 구도로 돌아와 사진을 찍어라.

나의 DSLR 설정 배경을 흐리게 하려고
조리개값을 f/2.8로 낮췄다. 날씨가 흐려서
감도는 400으로 했다. 셔터 속도는 아기의
움직임을 포착하기 위해 1/400초(400)로
설정했다.

잊을 수 없는 아기의 모습

아기의 몸에서 어디가 가장 귀여운가? 포동포동한 볼인가, 혹은 튼튼하게 살진 허벅지인가? 나는 머리를 비벼대 허옇게 드러난 머릿밑이 제일 좋다. 허연 머릿밑 사진을 보면 우리 아이들의 아기적 모습이 생각난다. 그때 아기를 강보에 너무 꽉 싸는 바람에 아기가 작은 부리토 같아 보였다! 그래서 팔을 마음대로 움직이지 못하는 아기가 뒤통수를 마구 문질러서 허연 머릿밑이 드러나곤 했다. 하지만 그 사실을 깨닫기도 전에 강보에는 싸지 못할 만큼 아기는 커 버리고, 머리도 자라 허연 머릿밑은 영원히 자취를 감춘다. 허연 머릿밑이 보이는 아기를 만날 때마다 나는 사진을 찍지 않을 수 없다.

촬영 시간 낮에 아기가 편안해할 때.

준비할 일 이 사진을 찍기 위해서는 아기를 지켜볼 사람을 물색해 놓는 것이 좋다. 아기를 높은 의자에 앉히고 사진에 담고 싶은 부분(뒤통수·발·손 등)이 창을 향하도록 각도를 맞춰라. 나는 허옇게 드러난 아기의 머릿밑에 주목했기 때문에 아기의 뒤통수가 창을 향하도록 의자를 돌렸다. 그러자 아기의 허연 머릿밑이 자연광을 받아 훤해졌다. 나는 창을 등지고 서서 사진을 찍었다.

사진 찍는 사람이 창을 향해 서면 빛을 바로 보고 찍기 때문에 실루엣이 생길 수 있다. 하지만 찍고 싶은 부분이 창을 향하게 하면 빛을 잘 받을 수 있다. 그런 다음 찍는 사람은 창을 등지도록 한다.

콤팩트 디카 사용자 플래시를 끄고, 접사 모드를 선택하라. 이 사진은 매우 섬세하게 표현되어야 하므로, 접사 모드를 이용해 피사체에 아주 가까이 다가가 찍어라. 꽃이든 아기의 머리든 카메라가 알아서 섬세하게 표현하려는 부분에 초점을 맞출 것이다.

DSLR 사용자 플래시를 꺼라. DSLR의 융통성을 이용해 나는 화면을 꽉 채우지 않기로 결정했다. 허연 머릿밑에 시선이 집중되도록 조리개 우선 모드를 선택하고 조리개를 최대한 열었다.

구도 어떤 모습을 찍느냐에 따라 가로와 세로 구도가 결정된다. 화면을 피사체로 꽉 채워 찍는 한 어느 구도이든 상관없다. 나는 높은 구식 의자의 등 곡선이 마음에 들었다. 아기의 뒤통수를 찍을 때 둥근 머리와 의자의 곡선이 조화를 이루었다. 프레임을 좁히지 않을 경우에는 배경에 신경을 써라. 배경을 흐리게 처리하더라도 최대한 단조롭게 연출해 아기의 머리에 시선이 집중되도록 해야 한다.

사진 찍기 찍고 싶은 아기의 몸 부위에 초점을 맞춰라(이 사진에서는 허연 머릿밑). 그곳이 화면 중앙에 있지 않다면 중앙에 오도록 다시 구도를 잡고 초점을 고정하라. 그런 다음 원래 구도로 돌아와 사진을 찍어라.

나의 DSLR 설정 배경을 흐리게 하려고
조리개를 많이 열었다(f/1.7). 주방이 밝기는
했지만 감도 100으로 찍을 정도로 빛이
충분하지는 않았다. 그래서 천천히 감도를
320까지 높였다. 아기가 머리를 움직여도
선명한 사진을 얻기 위해 셔터 속도는
1/200초(200)로 했다.

사진의 뒷이야기

책에 실은 사진과 그 밖의 사진들,
그리고 찍는 과정을 담은 동영상을 보려면
나의 웹사이트 www.merakoh.com에
들어와 "Behind the Scenes"를
클릭하라.

윗몸일으키기

아기가 고개를 들어 주위를 둘러볼 뿐만 아니라 윗몸을 일으켜 몸을 앞뒤로 흔들 때, 엄마는 아기가 새로운 발달 단계에 접어든 것을 알게 된다. 이 순간 아기는 매우 의기양양하다. 엄마가 기쁨의 함성을 지르는 모습을 본 아기는 대개 점점 더 빠르게 몸을 앞뒤로 흔들며 덩달아 소리를 지른다. 그러다 결국 팔을 앞으로 내밀며 쿵 떨어진다. 하지만 걱정하지 마라. 아기의 팔과 다리가 바닥에 닿을 때 또 하나의 사진이 탄생한다. 이 시기의 아기는 엄마의 미소를 위해 사니까 말이다.

촬영 시간 아기가 가장 활동적일 때. 아기가 생기가 넘치고 신이 나 있으면 네다섯 번 몸을 일으키기도 한다. 아기가 몸을 일으키는 대신 머리를 테이블에 대고 그대로 있으면 할 만큼 한 것이다.

준비할 일 이 사진을 찍으려면 도와줄 사람이 필요하다. 먼저, 가장 좋은 자연광을 얻기 위해 테이블을 창문 가까이 옮기도록 도움을 요청한다. 나는 이 사진을 찍을 때 테이블을 잘 이용한다. 아기가 카펫이나 침대에서 윗몸을 일으키면 그 작은 손이 푹신한 표면에 묻혀 버릴 수 있기 때문이다. 또 아기가 바닥에서 몸을 일으키면 아기와 눈높이를 맞추기 위해 나도 배를 깔고 납작 엎드려야 한다. 하지만 아기가 테이블 위에 있으면 작은 손과 손가락도 잘 보이고, 내가 바닥에 엎드리지 않아도 된다. 사진을 찍을 때는 창문에 등을 기대어 아기의 얼굴에 빛이 들게 하라. 도와주는 사람에게 아기가 테이블 한가운데에서 당신을 바라보게 해달라고 부탁하라. 카메라로 얼굴을 가리기 전에 아기의 흥을 돋우는 커다란 미소를 보내며 아기와 교감하라. 이 시기의 아기는 상대방의 표정을 그대로 따라하기를 좋아한다. 따라서 당신이 흥이 난 표정을 지을수록 아기도 더 신이 난다.

콤팩트 디카 사용자 플래시를 끄고, 연속 촬영 모드로 설정하라. 그러면 한 번에 여러 장의 사진을 찍을 수 있어 아기의 기막힌 표정을 놓치지 않을 수 있다. 또 인물 사진 모드를 선택해 배경을 가능한 흐리게 처리하라.

DSLR 사용자 플래시를 끄고, 연속 촬영 모드로 설정하라. 그런 다음 조리개 우선 모드를 선택하고 조리개를 최대한 열어라. 이 사진의 주인공인 릴라를 찍을 때 나는 배경에 보이는 앞문과 조리대를 흐리게 처리해 모든 시선을 아기에게 집중시키고 싶었다. 조리개값을 많이 낮출 수 있는 렌즈를 사용해서 원하는 바를 이룰 수 있었다. 실제로 문이나 조리대가 있는 것 같은가?

구도 세로로 사진을 찍으면 몸을 위로 일으키려는 아기의 에너지가 강조된다. 아기는 다음 단계로 벌떡 일어서고 싶어 안달이 난 상태다. 화면을 아기로 꽉 채워 아기의 손은 화면 맨 아래에 있고 머리 위에는 약간의 여백밖에 없다. 그 어떤 것도 이 마법 같은 이야기에 끼어들지 않게 하라.

사진 찍기 아기의 눈에 초점을 맞춰라. 아기의 눈이 화면 중앙에 있지 않다면, 눈이 중앙에 오도록 구도를 다시 잡고 초점을 고정하라. 그런 다음 원래 구도로 돌아와 사진을 찍어라.

나의 DSLR 설정 배경을 최대한
흐리게 하려고 조리개를 f/1.6으로
아주 많이 열었다. 창문으로 들어오는
빛이 아기를 비춰 감도를 250으로
유지할 수 있었다. 셔터 속도는 아기의
동작을 포착하기 위해 1/250초
(250)로 했다.

아휴, 깨물어주고 싶어

우리 어머니는 나와 남동생들의 얼굴에 키스를 퍼부으며 "아휴, 깨물어주고 싶어!"라고 말하곤 했다. 어린 나는 그 말을 이해하지 못했다. 하지만 내 아기가 생기자, 이럴 수가! 나는 그 말을 완전히 이해했다. 부모는 자신이 낳은 아기와 강한 유대감을 나눈다. 하지만 아빠와 엄마가 느끼는 유대감은 사뭇 다른 경우가 많다. 아빠는 자기 아기에게 "깨물어주고 싶어!"라고 말하지 않지만, 엄마는 거의 미친다! 3~6개월 된 아기는 안고, 흔들고, 입맞춤하고, 껴안아 주는 것을 좋아한다. 이 특별한 시기에 엄마의 주체할 수 없는 사랑 또한 사진에 담아 보는 것은 어떨까?

촬영 시간 엄마가 매우 기분이 좋을 때 아빠나 조부모, 친한 친구 등이 찍는다. 이 사진의 중심은 아기에서 엄마로 옮겨 갔다. 아기가 울 수도 있다. 하지만 엄마가 아름답게 보이는 한 상관없다.

준비할 일 배경이 단순하고 자연광이 잘 드는 장소를 찾아라. 엄마 바로 앞에 아기가 오도록 구체적으로 방향을 설명하라. 그런 다음 엄마에게 아기 뺨에 입맞춤을 하라고 주문하라. 엄마가 느끼는 그지없는 환희와 빛나는 눈이 보이도록 엄마가 카메라를 똑바로 바라보게 하라. 엄마가 아기를 보면 엄마의 눈이 보이지 않아 강렬한 에너지가 느껴지지 않는다.

콤팩트 디카 사용자 플래시를 끄고, 연속 촬영 모드로 설정하라. 인물 사진 모드를 선택해 배경을 가능한 흐리게 처리하라. 배경을 더 흐리게 하기 위해서는 엄마나 아빠가 배경의 모든 사물에서 멀리 떨어져 서야 한다. 피사체와 배경의 거리가 멀어질수록 배경은 흐려진다.

DSLR 사용자 플래시를 끄고, 연속 촬영 모드로 설정하라. 인물 사진 모드를 선택하고, 조리개를 최대한 열어라. 아기 머리 옆에 노르스름한 부분이 보이는가? 그것은 조리개값이 낮고 엄마나 아빠 뒤의 배경이 충분히 멀리 떨어져 있을 때 생기는 빛의 흔들림이다. 설령 배경이 그리 단순하지 않더라도 조리개값을 낮춤으로써 얻는 효과를 과소평가해서는 안 된다! 피사체가 배경의 사물과 멀어질수록 사물은 더 흐려진다. 때로는 배경의 빛으로 인해 이 신비롭고 노르스름한 원처럼 예상치 못한 재미있는 사진이 만들어진다.

구도 이 사진의 구도는 마음대로 잡을 수 있다. 가로와 세로 사진을 이리저리 찍어 보고 마음에 드는 사진을 골라 보라.

사진 찍기 아기의 눈에 초점을 맞춰라. 우리는 자연스럽게 아기에게 이끌리기 때문에 나는 보통 아기의 눈에 초점을 맞춘다.

나의 DSLR 설정 식당 앞에서 찍은 사진이라 배경을 흐리게 처리하기 위해 조리개를 열어야 했다(f/2.0). 창문으로 빛이 잘 들어왔지만 감도를 400 이하로 낮출 만큼 충분하지는 않았다. 셔터 속도를 1/250초(250)로 설정해 엄마와 아기의 동작을 순간 포착했다.

갓난아기와 걷는 아기 형제

가능할까? 아장아장 걷는 아기가 갓난아기와 함께 있는 아름답고 평온한 사진을 찍을 수 있을까? 이런 사진을 찍을 수 있는 기회는 아마 10초 혹은 15초 정도에 불과할 것이다. 그러므로 다음 글을 십분 활용하기 바란다. 잘 알다시피, 15초가 지나면 걷는 아기가 난리를 칠 테니까!

촬영 시간 중요한 두 가지 상황이 동시에 발생해야 하는데, 갓난아기는 자고 있고 걷는 아기는 하루 중 기분이 최고일 때여야 한다. 걷는 아기는 지난 몇 개월 동안 엄마가 갓난아기의 사진을 찍는 모습을 많이 보았기 때문에 카메라 혹은 찍히는 일에 별 감흥을 못 느낄 것이다. 아빠에게 10분 동안 걷는 아기와 몸을 부딪치며 거칠게 놀아달라고 부탁하라. 아기를 간질이고, 누르고, 거꾸로 매달아서 아기가 몸을 들썩이며 키득거리게 하라. 이때 아기는 자신에게 온통 관심이 쏠려 있다는 만족한 느낌을 갖기 때문에 사진 찍는 일이 수월해진다.

준비할 일 나는 갓난아기와 걷는 아기 모두 흰색 옷을 입히는 것을 좋아한다. 집에서 가장 밝은 방을 찾아 창문 쪽에 큰 베개나 쿠션을 끌어다 놓아라(우리는 검은색 빈백 의자를 사용했다). 먼저 걷는 아기를 빈백 의자 위에 앉힌 다음 그 옆에 갓난아기를 넘어지지 않게 앉혀라. 이제 15초가 시작된 것이다! 이 사진의 주제는 아기들의 신체 부위에 있다. 특히 작은 손이 압권이다. 걷는 아기에게 팔로 갓난아기를 감싸고, 가능하면 손을 아기 머리에 얹으라고 말하라. 걷는 아기의 양손이 모두 사진에 나와야 한다. 이렇게 하면 두 아기가 가까이 붙게 되므로 사진에서 친밀감이 느껴진다. 남은 시간은 10초! 갓난아기인 브랜든의 손이 사진에 나오도록 손으로 턱을 괴게 했다. 그런 다음 손이 떨어지지 않도록 형에게 브랜든의 팔을 잡게 했다. 이제 갓난아기의 작은 손이 사진에 나온다. 남은 시간은 6초!

콤팩트 디카 사용자 플래시를 끄고, 연속 촬영 모드로 설정하라. 그리고 인물 사진 모드를 선택하라.

DSLR 사용자 플래시를 끄고, 연속 촬영 모드로 설정하라. 조리개 우선 모드를 선택하고 조리개값을 f/3.5로 설정하라(지금까지 소개한 대부분의 사진에서는 조리개값을 낮게 설정했다. 하지만 이 사진은 앞에 배치한 두 아기 모두에게 초점이 선명하게 맞도록 배경을 덜 흐리게 했다).

구도 가로로 하든 세로로 하든 구도는 아무래도 상관없다. 다만, 6초밖에 시간이 남지 않았다는 사실을 기억하라! 배경이 이야기에 도움이 되지 않는다면 가까이 다가가 피사체로 화면을 꽉 채워라.

사진 찍기 갓난아기가 약간 부드럽게 나오도록 큰 아기의 눈에 초점을 맞춰라. 남은 시간은 5초… 아기를 칭찬하며 카메라 셔터를 눌러라(때로는 셔터 소리가 걷는 아기에게는 스트레스가 된다). "아이고 우리 아기, 참 착한 형아로구나!" 찰칵-찰칵-찰칵. 걷는 아기가 슬슬 움직이려고 한다. 남은 시간은 3초! "1분만 가만히 있어 볼까(실제로는 1초)!" "엄마가 이따가 맛있는 거 줄게!" 찰칵-찰칵. 이제 걷는 아기가 움직이며 빈백에서 나오려고 한다. 시간이 다 되었다! 사진을 찍었는가?

나의 DSLR 설정 조리개값을
평소보다 조금 높여서(f/3.5)
두 아기 모두에게 또렷하게 초점이
맞게 했다. 침실의 창을 통해 빛이
많이 들어와서 감도는 200으로
했다. 셔터 속도는 1/125초(125)로
아기들이 꼼지락거려도 선명한
사진을 찍을 수 있었다.

옳지, 조금만 더… 혼자 일어나 앉기

아기는 몸을 세우려고 힘을 줄 때 쑥쑥 자란다. 그리고 3~6개월 안에 혼자 힘으로 일어나 앉기 시작한다. 보통 8개월이 되면 아기가 도움 없이 일어나 앉는다고 전문가들은 말한다. 하지만 나는 그전에 아기가 하는 모든 행동을 사진에 담고 싶어 한다. 엄마를 지지대 삼아 앉은 5개월짜리 아기는 사방을 둘러보며 바운서에서는 결코 볼 수 없는 광경을 목격한다. 그래도 여전히 아기가 가장 보고 싶어하는 대상은 엄마다. 나는 엄마를 지지해 앉은 아기가 엄마의 목소리와 미소에 마음을 빼앗겨 엄마에게 몸을 기울이다 결국 균형을 잃고 넘어지는 모습을 수없이 보았다.

이런 평화로운 순간에는 시간도 느려지는 것 같다. 아기가 제대로 앉기 전에 보이는 이 소중한 순간들을 사진에 담아 보라. 어느 새 아기는 혼자 앉아 있을 것이다.

촬영 시간 최적의 시간은 아기가 가장 편안해할 때다. 레베카(엄마)는 잠깐 동안 아기에게 우유를 주었다. 배가 든든한 아기는 기분이 좋아졌다. 아기는 탈없이 엄마와 함께 앉았다. 이때는 아기의 낮잠 시간도 아니었다. 그리고 사진에서 보듯이 아기는 인생 최초의 사랑인 엄마의 곁이 한없이 좋아 보인다. 불안정한 몸과 무거운 머리를 지탱하던 아기는 엄마의 목소리에 넋을 빼앗겨 결국 엄마 쪽으로 넘어갔다.

준비할 일 집 안에서 배경이 단순한 곳을 찾아라. 엄마 침대나 편안한 소파, 바닥 등 어디든 좋다. 엄마가 옆으로 편안히 누울 수 있는 장소를 찾아라. 또 이 중요한 순간의 친밀감을 강조하기 위해 조용하고 느긋한 느낌을 전달할 수 있는 공간이 좋다. 이런 느낌을 살리기 위해서 반드시 단순한 배경을 찾아야 한다. 사진이 산만하지 않고 깔끔할수록 평화로운 느낌을 준다.

콤팩트 디카 사용자 플래시를 끄고, 연속 촬영 모드로 설정하라. 인물 사진 모드를 선택하고, 조리개를 최대한 열어라. 플래시 없이는 충분한 빛을 받을 수 없을 경우 콤팩트 디카의 한계에 부딪힐 수 있다. 플래시는 사진을 매우 부드럽게 만드는 아름다운 자연광을 뺏어간다. 화사한 자연광이 많이 들어오는 단순한 장소를 찾는 것이 최선이다.

DSLR 사용자 플래시를 꺼라. 조리개 우선 모드를 선택하고 조리개값을 f/2.8로 낮춰라. 나는 배경이 된 침대의 머리판을 부드럽게 연출하기 위해 조리개값을 계속 낮게 유지했다. 내가 창문을 등지고 서 있었기 때문에 자연광이 곧바로 엄마와 아기에게 쏟아졌다. 하지만 창문이 있어도 빛이 충분하지 않아서 감도를 400으로 높여야 했다. 이렇게 하여 자연광을 이용하면서도 플래시를 터트리지 않을 수 있었다. 또 연속 촬영 모드로 설정해 아기의 몸이 엄마에게 차츰 넘어가는 과정을 모두 찍을 수 있었다.

나의 DSLR 설정 엄마와 아기 뒤에 보이는 침대의 머리판을 부드럽게 연출하기 위해 조리개값을 f/2.8로 낮췄다. 침실 창문으로 빛이 잘 들었지만 감도를 400 이하로 낮추기에는 충분하지 않았다. 아기의 움직임을 순간 포착하기 위해 셔터 속도를 1/100초(100)로 했다.

사진의 뒷이야기

책에 실은 사진과 그 밖의 사진들, 그리고 찍는 과정을 담은 동영상을 보려면 나의 웹사이트 www.merakoh.com에 들어와 "Behind the Scenes"를 클릭하라.

구도 레베카는 에둘러 말하지 않았다. 자신도 사진을 찍어야 할지 망설여진다고 했다. 레베카는 아들 워커의 사진은 찍고 싶어했지만, 자신이 젖 주는 기계처럼 느껴진다며 출산으로 불은 살을 뺀 다음 사진을 찍고 싶다고 했다. 출산한 지 얼마 안 된 엄마들은 모두 그렇다. 하지만 내가 한 방식대로 하면 엄마의 마음을 편하게 해줄 수 있다. 눈치 챘는지 모르지만, 나는 의도적으로 엄마의 배 바로 앞에 워커를 앉혔다. 아기를 낳은 엄마들은 배가 많이 나왔든 적게 나왔든 뱃살에 신경을 곤두세운다. 나는 또한 레베카를 옆으로 눕게 했다. 그녀의 허리선에 약간의 굴곡이 보이는가? 레베카는 이 곡선에 매우 만족해 했다. 엄마와 아기가 침대를 가로질러 누웠기 때문에 가로 구도를 이용해 사진의 조용한 분위기를 강조하기로 했다. 레베카는 아름다웠고, 자세를 조금 수정해서 그 아름다움을 더욱 강조할 수 있었다.

사진 찍기 카메라와의 거리에 따라 아기의 눈이나 얼굴에 초점을 맞춰라. 엄마가 조금 흐리게(혹은 부드럽게) 나와도 괜찮다. 엄마도 사진의 일부이지만, 이야기의 중심은 앉는 법을 배우다가 엄마 쪽으로 넘어지는 아기의 갈등이다. 중대한 발달 단계를 겪는 아기의 귀여운 모습이 주제이므로 아기에게 초점을 또렷이 맞춰야 한다.

네 사진 모두 DSLR 설정이 동일하다. 1/100초(100)에 f/2.8, ISO 400.
엄마를 지지해 앉은 아기는 엄마 손에 의해 살포시 균형을 잡았다. 하지만 균형을 잡아도, 엄마 품으로 넘어져도 엄마와 함께라면 뭐든 좋다!

아기의 표정

아기의 얼굴 표정은 수백만 가지다. "깨어나서 행복해요!" 하는 표정이나 "피곤해요" 하는 표정, 엄마 팔에 안겨서 "엄마를 믿어요!"라고 말하는 듯한 소중한 표정들(나는 이 마지막 것이 가장 좋다). 하지만 때로 아기의 표정은 이유 없이 변하기도 한다. 그것도 믿기 힘들 만큼 짧은 시간에 말이다. 한순간 찌푸리다가, 바로 다음 순간 웃다가, 어느새 철철 우는 데 1분 30초밖에 걸리지 않는다. 이렇게 순식간에 변하는 아기의 표정을 어떻게 안 찍고 배기겠는가?

촬영 시간 하루 중 아기가 가장 활동적이고 감정이 고조되어 있을 때가 언제인지 관찰하라. 이는 아기가 놀 때나, 누군가와 교감을 나눌 때나, 낮잠 전에 밀려오는 잠에 빠지지 않으려고 안간힘을 쓸 때일 수 있다.

준비할 일 아기의 머리를 받쳐 줄 사람을 물색하라. 적당한 사람이 없다면 아기를 스윙에 앉히고 직접 머리를 받쳐라. 주 목적은 아기를 앉히는 것이다. 아기가 바운서에 비스듬히 앉았거나 침대에 누워 있다면 아기가 엄마를 알아보고 카메라 쪽으로 턱을 들지 모른다. 하지만 그때 아기의 이중, 삼중 턱은 사라진다.

콤팩트 디카 사용자 플래시를 끄고, 연속 촬영 모드로 설정하라. 변하는 아기의 표정을 빠른 시간에 최대한 많이 찍어야 하는 이번 촬영에서는 연속 촬영 모드가 중요하다. 그리고 인물 사진 모드를 선택해 배경을 가능한 흐리게 처리하라.

DSLR 사용자 플래시를 꺼라. 시시각각 변하는 아기의 표정을 잡을 수 있도록 연속 촬영 모드로 설정하라. 엄마의 옷이나 배경의 질감이 흐려지도록 조리개 우선 모드를 선택하고 조리개값을 낮춰라.

구도 이 사진들은 원래 세로 구도로 찍었지만 가로 구도도 괜찮다. 여러 방법을 시험해 보라. 비결은 아기에게 가까이 다가가거나 줌렌즈를 이용해 아기의 귀여운 얼굴로 화면을 채우는 것이다.

사진 찍기 반드시 아기의 눈에 초점을 맞춰라. 이 사진들은 모두 아기의 표정이 주제다. 사람들은 많은 경우 무의적으로 눈을 먼저 보는데, 아기의 표정과 눈이 어울리는지 사진에 생동감이 있는지 보기 위해서다. 아기가 울어도 겁먹지 말고 몇 초 동안 계속 사진을 찍어라. 아기를 울리라는 뜻이 아니라, 때로는 우는 사진이 압권일 때가 있기 때문이다. 그리고 아기가 울 때 엄마가 사진을 찍는다고 지속적으로 아기의 정신에 나쁜 영향이 미치지는 않는다. 우리 아이들은 어렸을 때 우는 사진을 보고 제일 즐거워한다.

나의 DSLR 설정 배경을 흐리게 하려고 조리개값을 f/2.8로 낮췄다. 복도에 자연광이 많이 들어와 감도도 200으로 낮췄다. 셔터 속도는 자연광이 최대한 들어오도록 1/80초(80)로 했다.

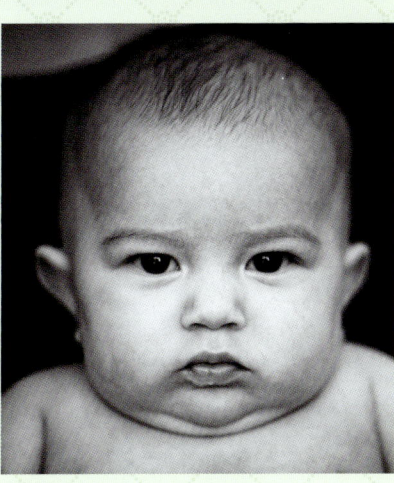

1/160초(160)에 f/2, ISO 200.

1/200초(200)에 f/1.7, ISO 200.

1/160초(160)에 f/2, ISO 200.

자랑스러운 자립—1

3~6개월 된 아기는 혼자 서지는 못하지만, 때때로 다리가 점점 강해진다는 것을 보여 주려고 할 것이다. 발달상 아기는 행복감(혹은 불쾌감)을 온몸으로 표현하기를 좋아한다. 무릎을 구부리며 바닥을 차는 아기의 흥분된 표정을 찍는 일은 이 시기에 가장 인상적인 순간 중 하나다.

촬영 시간 아기가 가장 활기차고 흥이 날 때가 언제인가? 주방에 햇빛이 가장 잘 들 때는 언제인가? 이 두 조건이 맞아떨어질 때가 이 사진을 찍을 최적의 시간이다.

준비할 일 아기가 설 수 있는 조리대나 테이블을 찾아 햇빛이 잘 드는지 확인하라. 하얀 조리대는 사방으로 햇빛을 반사하기 때문에 매우 좋다.

　이 사진은 엄마가 예쁘게 나오기 때문에 엄마들이 좋아한다(옆의 박스를 참고하라). 엄마가 앞으로 아기를 안아라. 출산 후 빠지지 않은 살이 걱정된다면 마음을 놓아도 된다. 아기와 조리대가 가려줄 테니 말이다. 엄마가 아기에게 몸을 기울여 아기 볼에 입맞춤을 하라. 엄마와 아기의 얼굴이 가까이 닿도록 해 친밀감과 유대감을 표현하라. 엄마와 아기가 조금이라도 떨어져 있으면 모자의 끈끈함이 표현되지 않는다. 이 사진은 작지만 힘 있는 아기의 다리가 주제이므로, 나는 아기에게 흰색 우주복을 입히라고 권한다.

콤팩트 디카 사용자 플래시를 끄고, 연속 촬영 모드로 설정하라. 인물 사진 모드를 선택해 배경을 가능한 흐리게 처리하라. 배경을 더 흐리게 하려면, 배경의 사물과 두 사람 사이의 거리를 더 띄우면 된다.

DSLR 사용자 플래시를 끄고, 모든 동작을 순간 포착할 수 있도록 연속 촬영 모드로 설정하라. 배경이 흐려지도록 조리개 우선 모드로 선택하고 조리개를 최대한 열어라. 조리개를 많이 열어 배경을 흐리게 한 뒤에 주방에서 이런 멋진 사진을 찍을 수 있다는 것이 놀랍지 않은가?

구도 세로 구도는 자랑스러운 표정으로 선 아기의 모습에서 느껴지는 상승의 움직임을 강조한다. 피사체에 더 가까이 다가가 엄마와 아기로 화면을 꽉 채워 구도를 더 살려라. 조리대는 아기의 발을 위해 필요한 부분 외에는 사진에 넣지 않는다. 그리고 두 사람의 머리 위에도 여백을 많이 두지 않는다. 하지만 아기의 손에는 신경을 써라. 사진에서 손가락이 잘리지 않도록 옆의 여백을 충분히 넣어라.

사진 찍기 역시 아기의 눈에 초점을 맞춘다. 아기의 눈이 화면 중앙에 있지 않다면, 눈이 중앙에 오도록 구도를 다시 잡고 초점을 고정하라. 그런 다음 원래 구도로 돌아와 사진을 찍어라. 엄마가 카메라를 보지 않기 때문에 엄마는 초점이 약간 흐려도 괜찮다.

엄마를 날씬하게!

엄마가 카메라 방향인 조리대로 몸을 기울이면, 엄마의 목이 저절로 길어진다. 또 조리대에 기대 몸을 앞쪽으로 기울이면 어깨가 자연스럽게 내려가 날씬해 보인다. 이때 엄마의 머리칼도 뒤로 자연스럽게 흘러내리게 되어 아름다운 모습으로 아기를 껴안고 있는 멋진 사진이 연출된다.

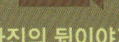

사진의 뒷이야기

책에 실은 사진과 그 밖의 사진들, 그리고 찍는 과정을 담은 동영상을 보려면 나의 웹사이트 www.merakoh.com에 들어와 "Behind the Scenes"를 클릭하라.

나의 DSLR 설정 배경을 흐리게 하려고 조리개를 열었다(f/2.0). 주방에 햇빛이 많이 들어 감도는 200으로 충분했다. 셔터 속도는 아기의 동작을 순간 포착하기 위해 1/160초(160)로 했다.

5

6~9개월

아기가
있는데 TV가
필요할까

"최초의 아기가 처음으로 웃었을 때
그 웃음은 수천 개의 조각으로 부서져 사방으로
흩어졌고, 그때부터 동화가 시작되었다.
지금도 한 아기가 태어날 때마다
아기의 첫 웃음은 동화가 된다.
그래서 모든 아기에게는 동화가 있다."

– 제임스 매튜 배리

아기를 낳으면 연예인도 함께 얻게 된다는 사실을 아는가? 생후 6~9개월은 첫 1년 중 아기가 부모에게 가장 큰 즐거움을 주는 시기다. 지난 6개월 동안 아기는 엄마가 웃으면 따라 웃었다. 이제 아기는 웃을 뿐만 아니라 때로 엄마를 웃게 만든다. 무엇보다 즐거운 일은, 아기도 그 사실을 안다는 것이다! 6~9개월 된 아기에게는 특별히 좋아하는 장난감이 있다. 장담하는데, 아기가 무엇을 좋아하는지 알면 엄마도 즐거울 것이다. 아기가 다리를 벌리고 앉든, 몸을 앞뒤로 흔들든(이러다가 기기 시작한다), 날카로운 소리를 내며 발가락과 손가락을 빨든 모두 귀여울 따름이다. 이런 모습을 기록할 수 있는 몇 가지 방법을 공개한다.

6~9개월 아기를 찍을 때 유용한 TIP 5

1 아기의 움직임이 없을 때를 이용하라

이 3개월 동안 아기는 비교적 움직임이 없다가 기기 시작한다. 아기의 움직임이 없을 때 찍어라!

2 아침에 찍어라

그럼에도 아기는 전보다는 몸을 더 움직인다. 즉 사진 찍을 시기를 잘 잡아야 한다는 의미인데, 대개는 아침이 좋다. 아기에게 아침을 배불리 먹이고 잠시 놀게 하라. 아기가 놀 때 찍으면 즐거운 시간을 보낼 수 있다.

3 침대 시트를 펴라

침대 위에서 찍을 때는 시트를 팽팽히 당겨 펴라. 그러면 아기가 양 손과 발로 몸을 일으켜 엄마를 보고 몸을 흔들거나 길 때 귀여운 손을 찍을 수 있다.

4 올려다보게 하라

아기의 주의를 끌 때 아기가 자연스럽게 턱을 살짝 들도록 유도하라. 창문으로 들어오는 빛이 아기의 눈에 쏟아지게 하라. 그러면 반사광으로 인해 아기의 동공이 투명하게 빛난다. 딸랑이를 흔들든, 손가락으로 딱 소리를 내든, 도우미가 손뼉을 치든, 풍선을 불든, 아기가 턱을 들 정도로 큰 소리를 내라. 그래야 아기의 눈에 빛이 반사된다.

5 아기와 노래를 불러라

6~9개월 된 아기는 단순한 음절의 가장 사랑스럽고 짧막한 노래를 부른다 ("다-다-다" 혹은 "마-마-마"와 같은). 우리 딸은 "밥-바-밥"을 제일 좋아했다. 이런 단순한 노래를 부르며 아기가 엄마를 따라하려고 할 때 환하게 밝아지는 표정을 잡아라.

예상치 못한 최고의 장난감

첫 아기를 낳기 전부터 나는 끝도 없이 많은 아기 장난감에 질려 있었다. 아기에게 정말 필요할까, 혹은 아기가 좋아하기는 할까? 그리고 파스칼린이 태어났다. 파스칼린은 열 개가 넘는 아기 장난감 대신에 플라스틱 밀폐 용기를 보관하는 서랍을 열고 싶어했다. 말려도 막무가내였다! 사진을 찍을 때 나는 부모에게 아기가 가장 좋아하는 장난감을 준비하라고 요청한다. 이 아기의 엄마가 TV 리모컨을 꺼내 왔을 때 나는 터지는 웃음을 참을 수 없었다. 엄마는 "정말이에요! 어제까지 숨겨 놨다니까요! 이거 보세요!"라고 말하더니, 아기(에메)가 보란 듯이 리모컨을 침대 위로 던졌다. 에메는 리모컨을 움켜쥐더니 너무나 기뻤는지 침대 위에 발랑 누워 그것을 가지고 놀았다. 아기가 예상치 못한 최고의 장난감을 얻은 이 순간을 포착해야 한다.

촬영 시간 오전에 아기가 놀 때.

준비할 일 설정을 최대한 단순화하라. 장난감에 시선을 집중시켜라. 거실에 있는 다른 장난감들까지 사진에 나온다면 거실은 피하라. 나는 아기에게 흰색 우주복을 입히고 침대 위에서 노는 모습을 촬영하고 싶었다. 선택한 배경이 자연광이 잘 드는 곳인지 꼭 확인해야 한다. 침대나 소파에서 노는 아기를 찍을 경우 도우미가 필요할 수 있다. 아기가 떨어져 놀라는 일을 방지할 수 있을 테니 말이다.

콤팩트 디카 사용자 플래시를 꺼라. 연속 촬영 모드로 설정하고, 인물 사진 모드를 선택하라. 이 사진을 위해 플래시를 터트린다고 해도 세상이 끝나는 것은 아니지만, 되도록 자연광이 드는 곳을 찾도록 하라.

DSLR 사용자 플래시를 꺼라. 조리개 우선 모드로 선택하고, 조리개값을 f/2.8로 낮춰라. 자연광이 충분하지 않다면 플래시 대신 감도를 높여라. 플래시가 터질 때 무엇을 잃게 되는지 항상 유념하라. 내가 이 사진에서 플래시를 터트렸다면 시트와 아기 주변에 보이는 그림자가 없어졌을 것이다.

구도 나는 가로 구도를 사용해 큰 침대가 아기를 온통 에워싸고 있는 느낌을 주려고 했다. 하지만 어느 방향이든 시도해 볼 수 있다. 이리저리 시험해 보라! 반드시 관찰자로 머물러 아기가 장난감을 탐구하는 데 정신이 팔리도록 내버려두라. 에메는 리모컨을 한 번 입으로 빨더니 그 다음에는 깔고 앉았다. 에메가 발랑 누워 작은 발로 허공을 찰 때, 옳지, 나는 얼른 셔터를 눌렀다! 아기가 카메라를 보고 웃는 모습보다는 장난감을 갖고 노는 모습을 사진에 담아라.

사진 찍기 장난감에 초점을 맞추고, 사진을 찍어라. 이제 아기의 얼굴이나 머리에 초점을 맞추고, 사진을 또 찍어라. 초점이 바뀜에 따라 사진의 이야기가 어떻게 달라지는지 보라.

사진의 뒷이야기

책에 실은 사진과 그 밖의 사진들,
그리고 찍는 과정을 담은 동영상을 보려면
나의 웹사이트 www.merakoh.com에
들어와 "Behind the Scenes"를
클릭하라.

나의 DSLR 설정 배경을 흐리게 하려고 조리개를
열었다(f/2.8). 해가 기울 무렵이어서 아기가 빛을
충분히 받도록 감도를 640으로 높여야 했다.
셔터 속도는 1/125초(125)로 장난기 어린 아기의
움직임을 순간 포착할 수 있었다.

아기가 좋아하는 장난감 연대기

이것은 앞으로 몇 년 동안 계속 써먹을 수 있는 포토 레시피다. 아기가 좋아하는 장난감이 계속 바뀌기 때문이다. 발달 단계별로 아기가 좋아하는 장난감 사진을 찍어 두면 훌륭한 성장 기록이 되는데, 이런 사진은 아기의 발달 단계와 단계 사이를 구분하는 모래선 같은 것이기 때문이다.

마음을 빼앗는 손과 발, 그리고 혀

이 사진은 내가 사진작가가 되고 1~2년이 지났을 무렵에 찍었다. 나는 이 사진을 항상 소중하게 생각하는데, 아기 사진에 관해 결코 잊을 수 없는 교훈을 얻었기 때문이다. 아기는 잠시 동안 자신의 몸에 매혹된다. 발달상 6~9개월 된 아기는 자신의 손·발·혀를 인식한다. 사진의 아기는 자신의 혀에 너무나 몰입한 나머지 내가 찍은 사진 중 거의 절반에서 혀를 내밀었다. 아기를 키운 경험으로 이 시기가 금방 지나간다는 것을 알고 있었기 때문에, 나는 이 순간을 꼭 사진으로 찍어 부모에게 보여주고 싶었다. 부모가 혀를 내민 사진을 기대한 건 아니었지만, 나는 그들이 곧 이 사진을 좋아하게 되리라는 것을 알고 있었다. 2년 후 이 아기의 엄마는 이 특별한 사진에 대해 감사를 표했다. 그녀는 아기가 곧바로 혀에 관심을 끊었지만, 이 사진을 보고 그때를 기억할 것이라고 말했다.

- **촬영 시간** 언제든 찍을 수 있도록 카메라를 준비하라. 아기가 자신의 신체 부위에 마음을 빼앗길 때 찍어라.

- **준비할 일** 아기가 관심을 쏟는 신체 부위와 상관없이 이 사진은 실내와 실외 어디에서든 찍을 수 있다. 실내에 있다면 자연광을 받을 수 있도록 반드시 창가에서 찍어라. 실외로 나가고 싶다면 오전이나 늦은 오후가 좋다. 한낮에는 태양이 머리 위에 있어 드라큘라 같은 그림자가 생긴다.

- **콤팩트 디카 사용자** 플래시를 끄고, 연속 촬영 모드로 설정하라. 배경이 흐려지도록 인물 사진 모드를 선택하라.

- **DSLR 사용자** 플래시를 끄고, 연속 촬영 모드로 설정하라. 인물 사진 모드를 선택하고, 배경이 부드럽게 흐려지도록 조리개값을 f/2.8로 설정하라.

- **구도** 올라설 곳을 찾아 아기와 부모보다 조금 높은 위치에 서라(도로의 연석, 해변의 나무토막 등). 아기가 마치 카메라 쪽으로 기대 듯 가까이 느껴지도록 가로 구도를 사용하라. 엄마와 아기의 머리로 화면을 채워라. 아기가 몰입하는 신체 부위에 모든 시선이 집중되도록 엄마는 조금 잘려도 된다.

- **사진 찍기** 아기의 눈, 혹은 아기가 관심을 갖는 신체 부위에 초점을 맞춰라. 셔터를 반만 누른 채 아기가 화면 중앙에서 벗어나도록 다시 구도를 잡고 사진을 찍어라.

나의 DSLR 설정 배경의 해변을 흐리게
하려고 조리개값을 조금 낮췄다(f/3.2).
석양이 모래에 비쳐 셔터 속도를 1/2000초
(2000)로 높였다. 셔터 속도가 느리면 화면이
너무 밝을 수 있다. 감도는 400으로 했다.
이 사진을 다시 찍을 수 있다면 사진의 채도를
높이기 위해 감도를 100으로 할 것이다.

사랑스러운 손장난

파스칼린이 젖을 먹으며 그 작은 손으로 엄마인 나를 더없이 부드럽게 쓰다듬던 날을 나는 결코 잊지 못할 것이다. 파스칼린은 간신히 나를 바라볼 수 있을 만큼 몸을 틀더니, 미소를 띤 채 계속 젖을 먹으며 나를 쓰다듬었다. 나는 딸의 손을 잡았고, 우리는 젖을 먹으며 서로의 손으로 장난을 치는 사랑스러운 놀이를 발견했다. 모유든 분유든 젖을 먹는 6~9개월 된 아기에게는 그지없이 사랑스러운 순간이 존재한다. 아기가 엄마를 보고 안기거나, 엄마에게 부드럽고 환한 미소를 보내거나, 엄마를 부드럽게 쓰다듬는다. 남편과 친구들이여, 이 사진의 도우미가 되어 주라. 앞으로 여러 해 동안 엄마의 보물이 될 사진이니까.

촬영 시간   낮에 아기가 엄마 품에 안겨 젖(혹은 우유) 먹는 일에 집중할 때. 카메라를 너무 성급히 들이대지 마라. 이 시기에는 아기가 산만해지기 쉽다. 아기가 젖 먹는 일에 몰입해 있을 때 엄마의 신호를 기다려라. 이 사진은 엄마(혹은 아빠)가 아기에게 젖병을 물리는 장면으로도 충분히 바뀔 수 있다. 하지만 이 책에서는 엄마가 아기에게 젖을 주는 사진으로 설명할 것이다.

준비할 일   엄마와 아기가 앉을 수 있는 편안한 의자를 찾아 빛이 가장 잘 드는 창문 아래에 놓아라. 이 사진은 실외에서도 찍을 수 있어서 나는 엄마와 아기를 해변의 벤치에 앉게 했다. 빛의 양만 충분하면 어디든 앉아 찍을 수 있다.

콤팩트 디카 사용자   플래시를 꺼라. 연속 촬영 모드로 설정하고, 배경이 흐려지도록 인물 사진 모드를 선택하라. 배경을 많이 흐리게 할 수 없다면, 엄마와 아기의 손이 엄마의 사적인 신체 부위를 가리도록 사진 찍는 사람의 위치를 조정하라. 그러기 위해서는 엄마와 아기의 손에 눈높이를 맞춰야 할지 모른다.

DSLR 사용자   플래시를 끄고, 연속 촬영 모드로 설정하라. 조리개 우선 모드를 선택하고, 조리개값을 f/1.2로 낮추거나 가능한 많이 열어라. 이 사진에서는 젖 먹는 아기의 얼굴을 흐리게 처리하는 것이 핵심이다. 엄마로서는 사진에 자신의 신체 부위가 드러나는 것을 원하지 않을 테니 말이다.

구도   세로 구도로 찍으면 엄마의 팔이 다 나오지 않기 때문에 엄마가 좀더 날씬해 보인다. 또 손의 초점도 더 선명해진다. 손에 눈높이를 맞추는 대신 위에서 엄마와 아기를 내려다보고 찍어도 괜찮다. 사진이 전하는 이야기로 화면을 채우는 것을 잊지 마라.

사진 찍기   이 사진은 엄마와 아기의 손이 맞닿는 이야기를 전하므로, 손에 초점을 맞춰라. 손이 화면 중앙에 있지 않다면, 손이 중앙에 오도록 구도를 다시 잡고 초점을 고정하라. 그런 다음 원래 구도로 돌아와 사진을 찍어라.

나의 DSLR 설정. 젖 먹는 아기의
모습을 흐리게 처리하려고 조리개를
많이 열었다(f/1.2). 해변이라 빛이
밝았다. 과다 노출이 되지 않도록 셔터
속도를 1/8000초(8000)로 크게
높여야 했다. 감도는 400이었다.
이것도(바로 전 사진처럼) 다음번에 찍을
때는 감도를 더 낮추고 싶은 사진이다.

죽여주는 유연성

이 시기의 아기는 혼자서 앉을 줄도 알지만, 종종 앉아서 다리를 양 옆으로 찢기도 한다! 8~9개월 된 아기가 포동포동한 다리를 위아래로 움직이며 체조 선수처럼 다리를 찢는 이유는 무얼까? 이런 발달의 특징이 보이기 시작하면 부모는 웃지 않을 수 없다. 사진 찍지 않을 수 없는 장면이다!

- **촬영 시간** 낮에 아기의 기분이 좋을 때. 즉 배가 든든하고, 기저귀가 뽀송뽀송하며, 졸리지 않을 때 찍어라.

- **준비할 일** 배경을 최대한 단순화하라. 배경이나 전경에 잡동사니가 보이지 않도록 신경 써라. 침대가 가장 좋지만, 반드시 도우미가 가까이 있어야 한다. 침대, 식탁 위, 조리대 등 아기가 균형을 잡을 수 있게 평평해야 한다. 이 사진을 찍을 때는 아기에게 기저귀만 채워 가능한 피부를 많이 드러내는 것이 좋다.

- **콤팩트 디카 사용자** 플래시를 끄고, 연속 촬영 모드로 설정하라. 아기가 가만히 앉아 있으면 굳이 연속 촬영 모드가 필요 없지만, 아기가 갑자기 움직일 때를 대비해 나는 항상 연속 촬영 모드로 설정해 놓는다. 그리고 인물 사진 모드를 선택하라. 필요하다면 플래시를 터트려야겠지만, 우선 자연광이 가장 잘 드는 장소를 물색하라.

- **DSLR 사용자** 플래시를 꺼라. 조리개 우선 모드를 선택하고, 조리개값을 f/2.8로 설정하라. 배경과 전경이 흐리면 아기에게 시선이 집중된다. 이 사진을 찍을 때 자연광이 줄어들어 감도를 800까지 높여야 했지만, 플래시를 터트리는 것보다 사진이 잘 나왔다. 플래시를 터트렸다면 아기 뒤에 검은 동굴이 있는 것처럼 보여서 아기의 아름다운 피부색이 표현되지 않았을 것이다. 플래시를 사용하기보다는 감도를 높이는 것이 낫다.

- **구도** 아기를 침대에 앉히고 아기 얼굴이 화면 중앙에 오도록 하라. 그러려면 가로 구도밖에 방법이 없다! 아기의 유연성을 강조하려면 카메라를 눈높이에 맞춰 아기가 카메라를 똑바로 쳐다보게 하라. 가능한 한 아기의 머리 위와 몸 아래에 약간의 여백을 두도록 하라.

- **사진 찍기** 아기의 눈에 초점을 맞춰라. 아기의 눈이 화면 중앙에 있지 않다면, 눈이 중앙에 오도록 구도를 다시 잡고 초점을 고정하라. 그런 다음 원래 구도로 돌아와 사진을 찍어라.

나의 DSLR 설정 배경을 흐리게 하려고 조리개값을 f/2.8로 낮췄다. 침실의 빛이 충분히 밝지 않아서 감도를 800으로 높였다. 그러나 감도를 높여도 빛이 충분하지 않아, 셔터 속도를 1/60초(60)로 낮춰 빛을 최대한 흡수했다.

사진의 뒷이야기

책에 실은 사진과 그 밖의 사진들, 그리고 찍는 과정을 담은 동영상을 보려면 나의 웹사이트 www.merakoh.com에 들어와 "Behind the Scenes"를 클릭하라.

첫 수영

세상에 나오기 전 아기는 자궁의 잔잔한 물결 속에서 9개월을 보냈다. 수영장 물에 처음 들어간 신생아가 이를 자연스럽게 느끼는 것도 놀랄 일은 아니다. 하지만 눈이 반쯤 감긴 신생아와 수영이라는 모험을 처음으로 감행하는 8개월 된 아기와는 커다란 차이가 있다. 8개월 된 아기는 물장구를 칠 줄 알고, 무엇보다 비키니 수영복을 처음으로 입고 수영장을 자랑스럽게 누빈다. 카메라를 준비하라. 사진 찍을 순간들이 많다!

촬영 시간 아기가 편안한 상태로 모험을 떠날 준비가 되어 있을 때! 오전이나 오후 모두 괜찮다. 아기에게 젖(우유)을 먹이고 45분 정도 후에 촬영 일정을 잡아라. 아기의 나들이가 끝나면 낮잠을 푹 재워라.

준비할 일 아기가 처음 수영을 할 때는 스토리 사진을 찍을 기회가 아주 많다. 아기가 수영장을 당당하게 걷는 모습부터 물속에서의 움직임, 커다란 수건에 싸인 평화로운 모습까지. 찍을 사진을 계획할 때는 어느 곳의 빛을 이용할지 잘 생각해야 한다. 실내 수영장이라면 아기를 창가 쪽에 배치하라. 무엇을 찍든(아기의 얼굴이든 아기의 맨발이든!) 사진 찍는 사람은 창을 등지고 피사체가 빛을 받도록 하라. 실외 수영장이라면 아기가 밝은 햇빛을 등지게 하라. 햇빛이 강하지 않다면 태양을 창이라 생각하고 아기가 부드러운 햇빛을 받게 하라.

콤팩트 디카 사용자 플래시를 꺼라. 연속 촬영 모드로 설정하고, 인물 사진 모드를 선택하라. 연속 촬영 모드는 가능한 많은 수의 동작 사진을 찍을 때 유용한 중요한 기능이다.

DSLR 사용자 플래시를 끄고, 모든 동작을 화면에 담을 수 있도록 연속 촬영 모드로 설정하라. 인물 사진 모드를 선택하고, 조리개값을 f/3.2로 낮춰라. 배경을 흐리게 처리하고 싶지만 조리개값을 그 정도로 낮출 수 없다면, 아기를 배경에서 더 멀리 떨어뜨려라. 아기가 배경에서 멀리 떨어질수록 배경은 흐려진다.

구도 가로와 세로 구도를 모두 시험해 보라. 각 구도에 따라 어떻게 이야기의 중심이 변하는지 보라. 예를 들어 나는 첫 번째 사진에서 가로 구도를 선택했는데, 그럼으로써 사진에 엄마 다리가 다 나오지 않아 맨발로 걷는 아기의 발이 부각되었다. 수영장에서는 더 큰 아이들이 주변에서 시끌벅적 다이빙을 하거나 물장구를 치는 경우가 많다. 주변의 움직임이 사진의 이야기를 부각시키지 않는 한, 프레임을 좁혀 아기만 집중해서 찍어라.

나의 DSLR 설정 배경을 흐리게 하려고 조리개값을 f/3.2로 낮췄다. 실내 수영장 벽이 온통 커다란 창으로 되어 있어 자연광이 충분히 들어온 덕분에 감도를 200으로 낮출 수 있었다. 셔터 속도는 1/200초(200)로, 이는 동작을 선명하게 잡을 만큼 빠르면서도 대부분의 빛을 흡수할 만큼 느린 속도다.

관점을 바꿔라

우리는 본능적으로 아기의 귀여운 얼굴을 찍곤 한다. 하지만 찍는 각도만 바꿔도(다이빙 보드에서 내려다보고 찍든, 수영장 보도에 쭈그리고 앉아 정면에서 찍든) 색다르고 독창적인 사진을 찍을 수 있다. 관점을 바꾸면 놀랍게도 아기를 표현하는 것이 얼굴만이 아니라는 사실을 알게 된다. 실제로, 아기의 팔과 다리도 많은 감정을 전달할 수 있다.

사진 찍기 아기의 드러난 엉덩이든 영롱한 눈동자든 사진의 주제에 초점을 맞춰라. 사진의 주제가 화면 중앙에 있지 않다

면, 엉덩이나 눈이 중앙에 오도록 구도를 다시 잡은 후 초점을 고정하라. 그런 다음 원래 구도로 돌아와 사진을 찍어라.

나의 DSLR 설정 1/250초(250)에 f/3.2, ISO 400. 위에서 내려다보고 찍어서 관점이 독특할 뿐만 아니라 팔과 다리를 뻗어 물을 경험하는 아기의 모습을 볼 수 있다.

나의 DSLR 설정 1/200초(200)에 f/3.2, ISO 200. 정면에서 찍은 이 사진에서는 아빠가 아기의 얼굴에 모험정신이 드러나도록 유도했다. 엄마 아빠가 번갈아 아기의 사진을 찍어 보라. 양 부모는 아기가 지닌 여러 가지 다른 성품을 이끌어 낼 수 있다.

나의 DSLR 설정 1/400초(400)에 f/1.8, ISO 200. 수영장에서의 모험을 모두 끝내고 커다란 수건에 싸여 아늑하게 쉴 곳은 뭐니 뭐니 해도 엄마 품이다.
엄마의 팔을 사진에 다 넣지 않아서 엄마가 날씬해 보이고 화면이 꽉 찬 느낌이 든다.

자랑스러운 자립—2

한두 달 전만 해도 엄마를 잡고 섰던 아기가 그 짧은 시간에 이제는 혼자 설 수 있다는 사실이 믿어지는가? 아기가 쑥쑥 자라는 것을 보면 놀랍기만 하다. 그런데 자라나는 아기는 흥분된 표정으로 엄마를 바라보며 자신이 방금 해낸 일을 보여주고 싶어한다. 가구를 더듬으며 돌아다니기 시작할 무렵, 소파나 커피 테이블을 지지해 혼자 서 있는 모습은 반드시 기록해야 할 순간이다.

촬영 시간 낮에 아기가 엄마에게 보여주려고 할 때.

준비할 일 배경을 최대한 단순화하라. 가장 밝은 자연광을 얻기 위해 가능하면 소파나 오토만을 창 아래로 옮겨라. 잡동사니를 모두 치워 아기의 흥분된 표정과 에너지가 부각되도록 구도를 잡아라. 나는 또한 아기의 몸을 지탱하는 발을 강조하고 싶어서 아기가 맨발로 있는 것을 좋아한다.

콤팩트 디카 사용자 플래시를 끄고, 연속 촬영 모드로 설정하라. 아기가 움직이기 때문에 연속 촬영 모드가 매우 유용하다. 그런 다음 인물 사진 모드를 선택하라. 플래시는 필요할 때만 터트려라. 플래시를 끄고 자연광을 잘 이용하는 편이 훨씬 낫다.

DSLR 사용자 플래시를 꺼라. 조리개 우선 모드로 설정하고, 조리개를 f/2.2로 열어라. 배경을 흐리게 하면 혼자 힘으로 선 아기에게 시선이 집중된다.

구도 아기가 새롭게 발견한, 자랑스러운 자립의 이야기를 어떻게 전달할까? 세로 구도는 혼자 서 있는 아기의 상승 에너지를 강조한다. 사진을 찍는 사람이 오토만의 다른 한 쪽 끝에서 바닥에 앉는 것은 어떨까? 그러면 전경에 흐리게 처리된 오토만이 보이면서 아기가 멀리 느껴진다. 자립을 강조하는 것이다. 또 화면을 혼자 서 있는 아기로 꽉 채우고, 머리 위보다는 발아래에 여백을 두면 발에 시선이 집중된다. 아기의 눈높이에서 사진을 찍는 것도 잊지 마라. 이리저리 걸어 보고 바라보는 시각에 따라 전달하는 이야기가 어떻게 달라지는지 보라.

사진 찍기 아기의 눈이 화면 중앙에 오도록 구도를 다시 잡고 초점을 고정하라. 그런 다음 전경의 소파 길이가 다 나오도록 구도를 다시 잡고 사진을 찍어라.

아기를 응원하라

아기가 옆에 있는 누군가를 쳐다 보고 있다. 분명 아기를 활짝 웃게 하는 사람이 있을 것이다. 그러나 이 사진의 압권은 에너지가 온통 위로 향한다는 것이다. 따라서 아기가 위를 바라보도록 유도하는 것이 가장 좋다. 아기가 턱을 많이 들 필요는 없지만, 할머니나 아빠가 옆에 서서 손뼉을 치며 아기를 응원하면 아기의 턱이 적당히 올라갈 것이다. 또 하나의 이점은, 빛이 아기 눈에 더 반사되어 눈동자가 더 영롱하게 빛난다는 것이다.

사진의 뒷이야기

책에 실은 사진과 그 밖의 사진들, 그리고 찍는 과정을 담은 동영상을 보려면 나의 웹사이트 www.merakoh.com에 들어와 "Behind the Scenes"를 클릭하라.

나의 DSLR 설정 배경이 부드럽게 흐려지도록 조리개를 f/2.2로 열었다. 처음에 빛이 좀 있기는 했지만, 빛을 더 민감하게 받아들이기 위해 감도를 500으로 높여야 했다. 셔터 속도는 아기의 동작을 포착하기 위해 1/320초(320)로 했다.

아기의 가장 친한 친구, 애완견

아기가 태어나기 전부터 네 발 달린 아기가 있었는가? 많은 사람이 애완견을 자신의 '첫 번째' 아기라고 말한다. 그런데 잘 알다시피, 아기가 태어나면 애완견은 아기에게 자리를 내준다. 그리고 개와 아기 사이에 유대감이 형성되는 것을 보면 정말 놀랍다. 마치 개가 아기를 위해 여러 몫을 하는 것 같다. 개는 아기를 살피기도 하지만, 아기와 놀기도 하고, 장난치며 괴롭히기도 한다! 아기가 꼬리나 귀를 잡아당기고 털을 한 움큼 잡아도 개는 아기를 받아줄 뿐만 아니라 젖은 혀로 아기를 핥으며 사랑으로 응답한다.

촬영 시간 아기와 개 모두에게 적당한 시간을 찾는 것이 좋다. 개가 온순할수록 사진 찍기가 쉽다. 개가 몇 시간 동안 집 안에만 있었다면 정체된 에너지를 해소하도록 뛰어놀게 하라. 아기는 눈이 초롱초롱하니 장난기가 있을 때 찍어야 한다. 밖에 나가 부드러운 자연광을 받으려면 늦은 오후가 좋다.

준비할 일 흐리게 보이는 프랑스식 문틀을 유일한 배경으로 삼기 위해, 우선 가구들을 옆으로 옮겼다. 사진이 산만해지지 않도록 아기와 개 외에는 아무것도 보이지 않게 했다. 또 엄마에게 위아래가 붙은 흰색 유아복과 청바지를 입혀달라고 요청했다. 아기의 옷과 개의 털 색깔이 극명한 대비를 이룬다.

　이 사진을 찍으려면 아기와 개 모두 도우미가 있어야 하므로 두 사람의 도우미가 필요하다. 이것이 정말 큰 준비다. 8개월 된 아기는 아직 혼자서 앉아 있기에 불안정할 수 있으므로 아기의 몸이 기우려고 할 때마다 받쳐 줄 사람이 필요하다. 개 역시 앉거나 몸을 낮추라는 등의 명령을 내릴 사람이 필요하다.

콤팩트 디카 사용자 플래시를 끄고, 연속 촬영 모드로 설정해 아기와 개 사이에서 일어나는 재미난 행동들을 모두 포착하라. 네 발 달린 아기의 친구가 침을 흠뻑 적시며 아기에게 열렬하게 입맞춤하는 장면을 잡고 싶다면, 가능한 초당 촬영 횟수가 가장 많은 카메라를 선택하라. 또 배경이 흐려지도록 인물 사진 모드를 선택하라.

DSLR 사용자 플래시를 끄고, 개의 열렬한 입맞춤을 포착할 수 있도록 연속 촬영 모드로 설정하라. 인물 사진 모드를 선택하고, 조리개값을 f/3.2로 낮춰라. 아기와 개가 이리저리 움직인 까닭에, 조리개값을 높여 두 피사체의 얼굴의 초점이 또렷이 맞게 했다. 또 셔터 속도를 높이고 싶어서 감도를 640으로 높였다. 아기와 개는 끊임없이 움직였다. 이는 동작을 포착하기 위해 셔터 속도를 높여야 한다는 뜻이지만, 그러려면 빛이 더 필요했다. 유일한 방법은 감도를 높이는 것이었다. 인물 사진 모드를 선택하고, 반드시 연속 촬영 모드로 설정해 아기와 개의 모든 행동을 포착하라.

▶

사진의 뒷이야기

책에 실은 사진과 그 밖의 사진들,
그리고 찍는 과정을 담은 동영상을 보려면
나의 웹사이트 www.merakoh.com에
들어와 "Behind the Scenes"를
클릭하라.

나의 DSLR 설정 아기와 개에게
모두 초점이 선명하게 맞고 뒤에
보이는 문은 흐리게 처리하기
위해 조리개를 f/3.2로 열었다.
감도는 640으로 높이고, 동작을
포착하기 위해 셔터 속도를
1/800초(800)로 했다.

구도 이 사진들을 찍으면서 가로와 세로 구도를 모두 사용했다. 피사체의 정면에서 찍지 않고, 개가 입맞춤할 때 아기가 어느 쪽으로 고개를 돌리는지 눈여겨보았다. 아기는 항상 오른쪽으로 고개를 돌렸다. 내가 오른쪽에 서면 아기의 얼굴이 언제나 보여 다양한 얼굴 표정을 찍을 수 있을 것 같았다. 또 오른쪽에 섰을 때 개의 머리만이 아닌 몸체를 모두 화면에 담을 공간이 마련되었다.

사진 찍기 아기의 눈에 초점을 맞추고 빠른 속도로 연속 촬영을 했다.

아기 워커와 개 머슈가 동시에 바닥에서 흥미로운 무언가를 발견한다.

혀가 빠른 머슈가 먼저 그것을 핥는다.   워커가 달라고 애걸한다.

머슈가 냉큼 삼켜 버리자, 워커가 화를 낸다.   머슈가 워커를 축축한 입맞춤으로 달래려 한다!

아기의 유산

우리 집 피아노 위에는 어렸을 때 찍은 내 흑백 사진이 놓여 있다. 한국의 전통 의복을 입은 내가 아버지를 보고 웃고 있는 사진이다. 자신의 뿌리를 아는 일은 우리의 삶에서 중요하다. 아기가 아직 기거나 많이 움직이지는 못하지만, 아기가 물려받은 유산을 특별한 방식으로 사진에 담아 보는 것은 어떨까?

- **촬영 시간** 아기가 느긋함을 느끼는 낮시간. 배가 든든하고, 기저귀도 뽀송뽀송하며, 졸리지 않을 때.

- **준비할 일** 주변을 말끔히 치워 배경을 단순화하는 대신 배경을 이용해 아기가 물려받은 유산을 사진에 표현해 보라. 사진의 주인공인 조는 미국 원주민 혼혈아다. 미국 원주민의 예술을 좋아하는 조의 엄마는 독특한 미국 원주민 담요를 보여 주었다. 우리는 조가 기저귀만 찬 맨살에 까슬까슬한 담요를 뒤집어쓸지 지켜보기로 했다. 조가 기꺼이 담요를 뒤집어썼을 뿐만 아니라 사진 찍는 내내 가만히 앉아 있었다는 사실이 믿기는가? 인도의 유아용 장신구든 일본의 유아용 기모노든 아기가 속한 문화유산을 나타내는 소품을 배경에 넣어라. 이런 소품으로 아기의 유산에 담긴 이야기를 생생하게 전할 수 있다.

- **콤팩트 디카 사용자** 플래시를 끄고, 인물 사진 모드를 선택하라. 가능한 플래시를 사용하지 않도록 자연광이 많이 드는 곳을 찾아라.

- **DSLR 사용자** 플래시를 꺼라. 조리개 우선 모드로 설정하고, 조리개값을 f/3.5로 낮춰라. 나는 벽에 걸린 그림의 특징적인 문양이 보이지 않을 정도로 배경을 흐리게 처리하고 싶지는 않았다. 하지만 조리개값을 f/3.5로 설정하면 그림이 약간 부드럽게 보이면서 아기에게 초점이 또렷이 맞춰진다.

- **구도** 그림이나 중요 인물과 같이 배경이 중요한 사진의 구도를 잡을 때는 피사체를 중앙에 두지 않은 세로 구도를 고려해 보라. 중앙에서 벗어나게 구도를 잡으면 아기가 매우 어리고 작다는 느낌뿐만 아니라 풍부한 기쁨를 담은 자랑스러운 가속의 유산이 집 안 곳곳에 스며 있다는 느낌을 준다.

- **사진 찍기** 아기의 얼굴을 화면 중앙에 두고 초점을 고정하라. 그런 다음 사진의 구도를 다시 잡고 사진을 찍어라.

사진의 뒷이야기

책에 실은 사진과 그 밖의 사진들,
그리고 찍는 과정을 담은 동영상을 보려면
나의 웹사이트 www.merakoh.com에
들어와 "Behind the Scenes"를
클릭하라.

나의 DSLR 설정 배경을 부드럽게 하기
위해 조리개값을 f/3.5로 설정했다.
방에 든 햇빛이 금방 사라져 감도를
800으로 높였다. 또 아기의 얼굴에
햇빛이 충분히 비치도록 아기의 몸을
창 쪽으로 돌렸다. 셔터 속도는 1/80초
(80)로 자연광을 최대한 흡수하는
동시에 아기가 움직여도 사진이
흔들리지 않도록 했다.

움직이는 아기

어머니는 "지금이 제일 바쁜 것 같지? 아기가 기어 다닐 때 보렴!"라고 말씀하시곤 했다. 어머니의 말은 농담이 아니었다. 6~9개월 된 아기는 더이상 가만히 있지 않는다. 아기는 계속 움직인다! 아기가 갑자기 너무 빨리 움직이기 때문에 기어다니는 아기의 모습을 찍는 일은 쉽지 않다. 그러나 몇 가지 방법과 요령을 알면 원하는 사진을 찍을 수 있다.

- **촬영 시간** 집 안에 든 자연광이 가장 밝고, 아기가 생기 있고 모험 정신이 충만할 때.

- **준비할 일** 아기를 살피는 한편 '원래 자리로 데려다놓는' 도우미가 필요하다. 기어 다니는 아기를 촬영할 때는 바닥보다 침대나 조리대 위가 좋다. 하지만 두 장소 모두 아기가 떨어질 위험이 있으므로, 도우미가 아기가 가장자리 쪽으로 가지 않도록 주의를 기울이고, 아기가 그쪽으로 가면 원래 위치로 다시 데려다놓아야 한다. 재미가 나서 같은 침대를 수십 번 왔다 갔다하는 아기가 있는가 하면, 별 재미를 못 느끼고 두 번에 끝내는 아기도 있다.

- **콤팩트 디카 사용자** 플래시를 끄고, 모든 동작을 포착할 수 있도록 연속 촬영 모드로 설정하라.

- **DSLR 사용자** 플래시를 끄고, 연속 촬영 모드로 설정하라. 조리개 우선 모드를 선택하고, 조리개값을 f/2.8로 설정하거나 가능한 최대한 열어라. 빛이 더 필요하다면 감도를 높여라.

- **구도** 침대를 가로질러 기어가는 아기를 찍기에는 가로 구도가 좋다. 화면을 아기로 꽉 채우지 말고 한 쪽에 약간의 여백이 보이도록 구도를 잡아라(23쪽의 박스를 참고하라). 이 여백 때문에 움직이는 아기의 이야기가 생동감 있게 펼쳐진다. 아기가 한가운데에 있으면 보는 사람의 눈이 사진을 따라 움직이지 않지만, 앞에 여백이 있으면 앞쪽으로 기어가는 아기를 무의식적으로 상상하게 된다.

- **사진 찍기** 아기의 눈에 초점을 맞춰라. 아기가 계속 움직이므로 쉽지 않을 것이다.

나의 DSLR 설정 배경을 흐리게 하기
위해 조리개를 f/2.8로 열었다. 방에 든
자연광이 급속히 약해져서 감도를 640으로
크게 높였다. 또 계속 움직이는 아기의
동작을 잡기 위해 셔터 속도도 1/400초
(400)로 높였다.

대가족의 사랑

'가족사진'이라는 말을 들으면 나는 4남 1녀가 함께 찍은 한국인 아버지의 가족사진이 떠오른다. 어린 시절, 전쟁통에 살아남은 그 다섯 남매의 눈빛에서 나는 많은 이야기를 본다. 아기를 포함해 3대가 함께 찍은 가족사진은 강렬한 힘을 지닌다. 세상이 그저 신기하기만 한 아기의 눈망울과 할머니의 지혜로운 눈빛이 대비되는 이 사진에는 세대 간의 간극이 뚜렷이 드러난다. 편안하게 찍은 가족사진에는 가족의 이야기가 담겨 있으며, 다음 세대에게 돈으로 가치를 매길 수 없는 소중한 선물이 된다.

촬영 시간 가족들에게 가족사진을 찍고 싶다는 의사를 전달하고 준비 작업을 시작하라. 태양빛이 부드러워 사진이 잘 나오는 일몰 직전에 찍어라. 사진 찍기 전에 낮잠을 재우면, 아기가 초롱초롱하고 보채지 않는다.

준비할 일 최대한 자연스러운 분위기를 연출하라. 어른들은 대부분 카메라 앞에 서는 것을 어색해한다. 그러므로 모두 편하게 앉을 수 있는 소파나 야외 벤치를 찾아보라. 실내에서 찍는다면 자연광을 받을 수 있는 창문 근처에 소파를 놓아라. 실외라면 오전이나 늦은 오후에 찍어라. 가족들에게 자신이 가장 편한 옷을 입으라고 요청하라. 문화의 뿌리를 알려주는 전통 의복이라면 더 좋다.

가족들에게 벤치 가장자리에 앉으라고 주문하라. 그러면 무게 중심이 자연스럽게 카메라 쪽으로 쏠려 가족들이 사진 촬영에 임한다는 느낌을 준다. 원한다면, 연장자가 아기 몸에 손을 얹어 육체적 유대감을 보여 주라. 이 사진을 찍을 때 나는, 할머니는 카메라를 보고, 엄마는 아기나 할머니를 보고 웃어달라고 주문했다. 이 사진에는 3대의 이야기가 담겨 있다. 나는 할머니의 시선을 단독 처리함으로써 이 주제를 강조하기로 결정했다.

콤팩트 디카 사용자 플래시를 끄고, 연속 촬영 모드로 설정하라. 그러면 빠른 속도로 여러 장의 사진을 찍을 수 있어서 누군가 눈을 감은 사진을 피할 수 있다. 그리고 풍경 사진 모드를 선택하라. 피사체 모두에 초점을 맞추려면 풍경 사진 모드가 유리하다. 배경을 흐리게 처리하고 싶을 때는 언제든지 인물 사진 모드로 설정을 바꾸면 된다.

DSLR 사용자 플래시를 꺼라. 조리개 우선 모드를 선택하고, 조리개값을 f/3.5로 낮춰라. 배경이 흐리면서도 모든 사람이 선명하게 나오는 것이 이상적이다. 그러면 한 사람이 앞이나 뒤로 약간 움직여도 초점이 선명하다.

구도 더 많은 사람을 사진에 넣으려면 가로 구도를 택하라. 할머니와 아기만 찍는다면 좀더 밀도 있고 친밀감 있는 구도를 위해 세로로 찍어라.

사진 찍기 할머니의 눈에 초점을 맞춰라. 할머니의 눈이 화면 중앙에 있지 않다면, 눈이 중앙에 오도록 다시 구도를 잡고 초점을 고정하라. 그런 다음 원래 구도로 돌아와 사진을 찍어라.

조부모와의 유대감을 유지하라

촬영을 하면서 조부모와의 유대감을 유지하도록 신경 써라. 이 사진은 완벽한 가족사진이 아니라 눈에 보이지 않는 깊이와 정신을 찍는 것이다. 사진을 찍을 때 계속 말을 건네라. 가족들에게 잘하고 있다고 말하라. 멋지게 보인다고 말하라. 긍정적인 말을 건넬수록 가족들이 오랜 시간 편하게 사진을 찍을 수 있다.

나의 DSLR 설정 배경을 흐리게 하려고 조리개를 f/3.5로 열었다. 이 사진은 자연광이 많은 호텔 로비에서 찍었음에도, 빛이 충분하지 않아 감도를 400으로 높였다. 가족 모두 가만히 앉아 있었기 때문에 셔터 속도를 1/80초(80)로 낮추고 감도를 높이지 않고도 가능한 최대한의 자연광을 받을 수 있었다.

6

9~12개월

입 맞추고 싶고,
꼬집어주고
싶은

"진화가 사실이라면 어떻게
어머니의 손이 둘밖에 없을까?"

– 에드 두쏠트

9 ~12개월 된 아기의 사진에는 새로운 독립의 이야기가 있다. 이 시기의 아기는 더이상 쿠션에 기댈 필요가 없다. 실제로, 아기는 소파 없이도 혼자 일어선다. 계단오르기는 아기가 가장 좋아하는 운동 가운데 하나다. 아기는 엄마가 보든 안 보든 계단으로 향한다. 아기가 책장의 책을 모두 엎는 방법을 발견하든(매일, 하고 또 한다), 먹을 때 숟가락 잡는 법을 발견하든, 발견은 하나의 명령 신호가 된다. 아기가 저지른 일은 경이롭지만 엄마를 지치게 한다. 그리고 보니 아기는 잠자는 거인이다! 아기의 이 모든 단계를 기록할 수 있다는 것이 놀랍지 않은가?

9~12개월 아기를 찍을 때 유용한 TIP 5

① 과자를 주어라

이제 아기는 자기가 좋아하는 무언가를(혹은 보상을) 얻기 위해 카메라에 집
중할 만큼 컸다. 완벽한 사진을 찍을 찰나에 아기의 집중력이나 흥미가 떨
어진다면 과자를 주어라. 과자의 힘은 놀랍다!

② 손위 형제의 도움을 받아라

발달상으로 9~12개월은 발견과 독립의 시기다. 아기는 18개월짜리만큼
빨리 움직이지는 못하지만, 기는 속도만큼은 상상을 초월한다. 한 살짜리
아기는 손위 형제를 동경한다. 형(오빠)이나 누나(언니)를 계단 맨 위에 가 있
게 하고, 아기가 형이나 누나를 보고 기어올라가도록 격려하라.

③ 아기에게 기립박수를 보내라

아기가 커 갈수록 박수소리도 더 커져야 한다. 아기는 엄마가 감동했다는 것
을 알고 싶어한다. 진심으로 감동했다는 것을 말이다. 이제는 미소만으로는
부족한 것이다. 촬영하는 동안 도우미로 하여금 아기를 응원하게 하라!

④ 아기 달래기의 달인이 되어라

우리 부부가 첫째 아이를 달래는 방법을 찾았을 때 나는 놀라웠다. 파스칼
린은 가슴이 터지도록 울다가도 익살을 떠는 아빠를 보면 어느새 웃고 있었
다. 아기를 달래기 위한 다양한 개그를 개발하라.

⑤ 집 안이 지저분해지는 것을 감수하라

아기가 먹거나 목욕하는 모습을 찍을 계획이라면 집 안이 지저분해지는 것
은 감수해야 한다. 부엌의 조리대와 아기의 더러워진 얼굴은 씻으면 그만이
지만, 사진은 영원히 남는다.

포동포동 사랑스러운 다리

아기의 포동포동한 다리, 특히 그 허벅지를 영원히 볼 수 있다면 무엇인들 못할까? 첫돌이 다가올 즈음, 아기가 급속도로 호리호리해지는 모습에 놀랄 것이다. 그러므로 입 맞추고 꼬집어주고 싶은, 살 오른 아기의 다리를 가능한 서둘러 찍어라.

촬영 시간   낮에 아기가 깨어 있을 때는 언제든지.

준비할 일   빛이 아주 잘 드는 테이블이나 조리대를 찾아라. 아기 허벅지에만 시선이 집중될 수 있도록 배경은 단순할수록 좋다. 아기에게는 흰색 우주복을 입히거나 기저귀만 채워라. 나는 뽈록 튀어나온 배와 배꼽을 볼 수 있게 기저귀만 채우는 것을 좋아한다. 기저귀에 무늬가 있어서 눈에 거슬린다면 흰색 우주복이 좋다.

콤팩트 디카 사용자   플래시를 꺼라. 카메라를 흑백 모드로 설정해 찍어 보라. 흑백 사진에서는 허벅지가 더 강조되어 보인다. 전에도 말했듯이 나는 컴퓨터에서 흑백 사진으로 전환하는 것을 좋아하지만, 콤팩트 디카로 흑백 사진을 시도해 보는 것은 어떨까?

DSLR 사용자   조리개 우선 모드로 설정하고, 조리개를 f/2.2로 열어라. f/5.6, f/4.5 또는 f/3.8 이하로 낮출 수 없는 상황이라도 낙담하지 마라. 배경에 주의를 어지럽히는 것이 보이지 않는 한 괜찮다. 빛이 더 필요하면 감도를 높여라. 높은 감도 때문에 사진이 거칠게 나오는 게 싫다면, 따뜻한 오후에 실외에서 찍어 보라.

구도   배우자나 친구, 도우미에게 아기를 옆에서 잡아달라고 부탁하라. 아기를 잡고 있는 사람은 사진에 나오지 않도록 팔꿈치를 들어야 한다. 세로 구도는 서 있는 아기의 동작을 강조한다. 이 사진에서 3분할법을 적용해 보라. 아래 3분의 2는 아기의 오동통한 다리이고, 위 3분의 1은 아기의 배다. 사진 윗부분에서 어깨나 목선을 자르지 않았다는 겁을 눈여겨보라. 기기에서는 관절 부분을 자르지 않고 구도를 잡는 것이 중요하다. 관절의 조금 위나 아래에서 자르면 좀더 자연스러운 구도를 얻을 수 있다.

사진 찍기   아기 다리나 기저귀, 배꼽에 초점을 맞춰라. 무엇이든 괜찮다. 이리저리 찍으며 가장 좋은 사진을 찾아 보라.

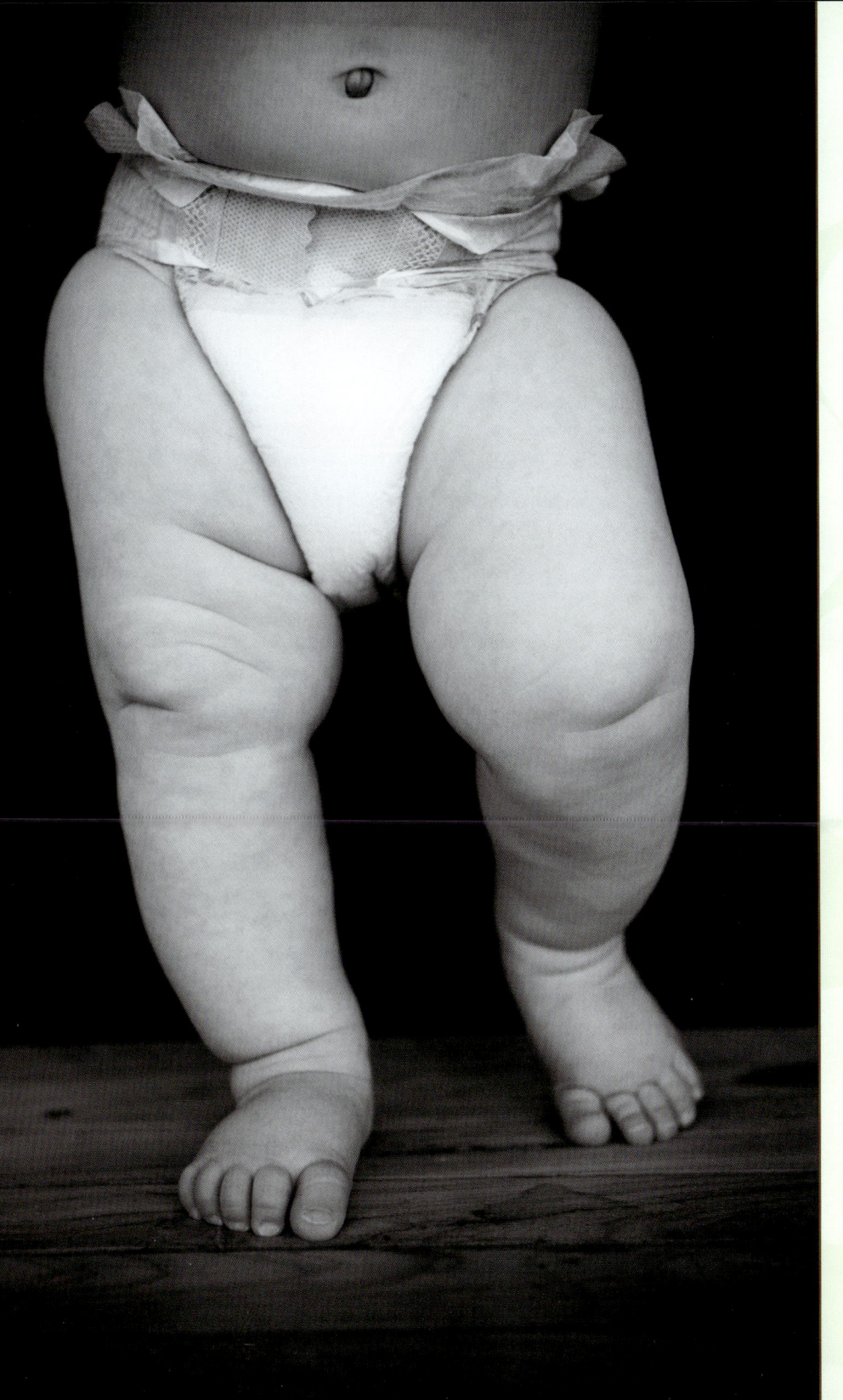

나의 DSLR 설정 배경을 흐리게
하려고 조리개를 f/2.8로 열었다.
참고로, 검은색 배경은 엄마의 치마다.
무늬 없는 검은색 치마였기 때문에 낮은
조리개값에서 유용하게 사용할 수 있었다!
자연광이 꽤 좋아 감도를 400으로 했다.
아기가 다리를 움직이기 때문에 셔터
속도를 1/400초(400)로 설정해 동작을
포착했다.

귀여운 흰색 신발

아기 신발은 언제나 내 시선을 사로잡는다. 나는 아직도 그 귀여운 신발을 보면 발을 멈추고 감탄을 연발한다. 그것은 순수함과 사랑을 상징하는 소품이다. 아기 신발을 찍는 방법을 이리저리 시험해 보는 것은 어떨까? 아기 없이 신발만 찍어도 좋고, 좀 어렵지만 아기가 신발을 신고 걸을 때 찍어도 좋다.

촬영 시간 아기가 점퍼루나 스윙 안에 있을 때. 이때는 아기가 도움 없이 혼자 설 수 있다.

준비할 일 질감이 좋은 신발을 선택하라. 나는 작은 버클이 달려 있는 발가락이 보이는 하얀 샌들을 좋아한다. 실내나 실외의 평평하고 매끈한(아기 신발을 덮는 잔디와는 반대로) 장소에 점퍼루나 스윙을 갖다 놓아라. 자연광이 드는 곳이 좋다.

콤팩트 디카 사용자 플래시를 꺼라. 모든 동작을 찍을 수 있도록 연속 촬영 모드로 설정하라. 동작 모드도 시도해 보라. 동작 모드는 달리는 사람으로 표시되어 있다. 그러나 흐린 배경을 얻으려면 인물 사진 모드를 유지해도 된다.

DSLR 사용자 플래시를 끄고, 연속 촬영 모드로 설정하라. 이 사진은 움직이는 동작을 찍어야 하므로 조리개 우선 모드 대신 셔터 우선 모드로 찍을 수 있다. 셔터 우선 모드는 감도와 조리개값을 자동으로 설정한다. 이 모드에서는 배경이나 전경의 흐린 정도를 통제할 수는 없지만 동작을 깔끔하게 잡을 수 있다.

구도 몸을 굽히고 아기의 발에 카메라의 눈높이를 맞춰 이리저리 자세를 취해 보라. 가로 혹은 세로 구도가 좋은지는 정답이 없다. 가장 중요한 것은, 아기 발로 화면을 채우는 일이다. 배경의 잡동사니를 모두 치워라. 아기 신발을 아빠 신발 옆이나 옷장 위, 엄마 손 위에 놓아 크기의 차이를 강조하라.

사진 찍기 먼저 아기의 한 발에 초점을 맞춰 보라. 그런 다음 다시 바로 아래 땅에 초점을 맞춰라. 움직이는 동작을 찍으려면 연습이 필요하다. 그러므로 원하는 사진을 위해 수없이 사진을 찍어도 실망하지 마라. 고생 끝에 낙이 온다!

나의 DSLR 설정 배경과 전경을 흐리게 처리하여 아기 신발에 시선이 집중되도록 조리개를 f/2.8로 열었다. 빛을 더 흡수해야 했기 때문에 감도를 1600으로 높였다. 신발의 움직임을 포착하기 위해 셔터 속도도 1/500초(500)로 높였다.

나의 DSLR 설정 1/320초(320)에 f/2.8, ISO 100. 다양한 시선으로 아기 신발을 찍어 보라. 어른 손에 아기 신발을 얹으면 아기 신발이 얼마나 작은지 강조된다. 배경을 어둡게 하려면 어두운 색 쿠션 위에 모델의 손을 얹게 하라.

추억 속의 일상

나도 한 살 때 이런 사진을 찍었다. 가운데에 커다란 지퍼가 달린 우주복 스타일의 구식 파자마를 입은 내가 아기 침대 안에 서 있는 사진이다. 바닥에는 온통 장난감이 널려 있다. 빛은 충분하지 않았지만, 나는 그 사진을 좋아한다. 내 침대, 내 모습이니까! 때로는 바로 내 앞에 있는 사진이 가장 소중하다. 아기 침대는 사진의 훌륭한 배경이 된다. 그리고 아기가 성장한 후 엄마와 아이는 아기 때의 모습만큼 아기가 지냈던 배경에도 마음을 빼앗길 것이다.

촬영 시간 아기가 낮잠을 자고 나서 원기를 회복한 직후 엄마를 찾을 때. 그러나 대비할 일이 있다. 10분 후면 아마 아기가 카메라에 피곤함을 느끼고 침대에서 왜 꺼내주지 않는지 궁금해할 것이다.

준비할 일 침실 안으로 가능한 많은 빛이 들어오도록 커튼과 블라인드를 모두 걷어라. 그래도 침실이 어둡다면 자연광이 더 많은 곳으로 침대를 옮겨 찍어 보라.

콤팩트 디카 사용자 플래시를 끄고, 연속 촬영 모드로 설정하라. 배경이 최대한 흐려지도록 인물 사진 모드를 선택하라.

DSLR 사용자 플래시를 꺼라. 인물 사진 모드를 선택하고, 배경이 최대한 흐려지도록 조리개를 열 수 있을 때까지 열어라.

구도 여러 구도를 시험해 보라. 가로와 세로 사진을 모두 찍어 보라. 가까이 다가가 아기 침대 앞의 난간만 보이도록 프레임을 좁혀 보라. 혹은 뒤로 물러서서 카메라를 조금 기울여 화면에 침대가 더 많이 나오도록 찍어 보라. 아니면 관점은 바꿔, 문에 서서 아기 침대가 더 보이도록 찍어 보라. 많은 추억이 만들어지는 소중한 장소를 찍는 것이 핵심이다.

사진 찍기 나는 아들 블레이즈의 옆모습에 초점을 맞췄다. 그러나 아기를 배경으로 배치해 흐리게 처리하고, 침대 난간에 초점을 맞출 수도 있다. 혹은 의자에 올라서서 아기의 눈에 초점을 맞추고 내려다보며 찍을 수도 있다. 10~15분이 지나면 아기가 '그만'이라고 말한다는 것을 기억하라. 이때 놀거리를 준비해 아기와 함께 놀아라.

나의 DSLR 설정 이 사진에서는 배경과 전경을 최대한 흐리게 하기 위해 조리개값을 f/1.2로 크게 낮췄다. 창가에 드는 빛이 충분해서 감도는 400으로 했다. 셔터 속도는 가능한 많은 양의 빛을 흡수하기 위해 1/125초(125)로 했다.

지저분할수록 좋아

이 포토 레시피를 활용하기 전에 명심할 일이 있다. 이 사진을 찍으려고 숟가락으로 먹어 본 적이 없는 아기에게 숟가락을 쥐어 줄 경우, 아기가 숟가락을 절대로 내놓지 않을 것이다! 이렇게 경고를 하는 이유는, 숟가락을 손에 쥔 아기가 그 다음부터 혼자 먹겠다고 떼를 쓰는 통에 나를 원망하게 될지도 모르기 때문이다.

촬영 시간 낮에 아기가 유아용 의자에 앉아 음식을 먹고 있을 때.

준비할 일 유아용 의자를 옮겨 아기가 창을 향하게 하라. 나처럼 '통제'하기를 좋아하는 사람이라면 크게 심호흡을 하라. 이 사진은 통제할 수 없을 테니 말이다. 아기가 지저분할수록 사진은 재미있어진다. 아기가 몇 입 먹을 동안 닦아주지 마라. 아기의 모습이 지저분할수록 좋다는 점을 기억하라. 어느 시점에 아기에게 숟가락을 쥐어 주라. 아기의 작은 눈이 신기함과 발견, 독립심으로 빛날 것이다. 이때 사진을 찍으면 된다!

콤팩트 디카 사용자 플래시를 끄고, 연속 촬영 모드로 설정해 지저분하게 먹는 모습을 모두 카메라에 담아라. 배경이 흐려지도록 인물 사진 모드를 선택하라.

DSLR 사용자 플래시를 꺼라. 조리개 우선 모드를 선택하고, 조리개를 f/2.2로 열어라. f/5.6, f/4.5, 혹은 f/3.8 이하로 낮추지 못해도 실망하지 마라. 배경에 잡동사니가 보이지 않는 한 괜찮다.

구도 줌렌즈로 프레임을 좁히거나, 아기 쪽으로 다가가 아기로 화면을 꽉 채워라. 나는 또한 카메라를 살짝 옆으로 기울였다. 무슨 의미일까? 힘 있는 사진을 만들기 위해 정면에서 찍지 않고 카메라를 약간 기울인 것이다. 몸을 굽혀 아기와 눈높이를 맞추거나, 위에서 내려다보며 찍어라. 이제 아기가 마음껏 지저분하게 먹도록 내버려둬라.

사진 찍기 아기의 눈에 초점을 맞춰라. 아기의 눈이 화면 중앙에 있지 않다면, 눈이 중앙에 오도록 구도를 다시 잡고 초점을 고정하라. 그런 다음 원래 구도로 돌아와 사진을 찍어라.

나의 DSLR 설정 배경을 흐리게 하려고 조리개를 f/2.2로 열었다. 주방 쪽이 조금 어두웠기 때문에 감도를 800으로 높였다. 셔터 속도는 동작을 포착하면서도 가능한 많은 양의 자연광을 흡수하기 위해 1/100초(100)를 유지했다.

온도를 올려라

기저귀만 찬 아기가 추위를 느끼는 겨울이라면, 난방 온도를 올리거나 히터를 켜라. 아기가 옷을 벗기 전에 해야 온도의 변화를 느낀 아기가 투정부리는 일을 막을 수 있다.

계단 기어오르기

9개월이 되어 아기가 계단을 기어오르기 시작하면 아기의 안전에 신경을 곤두세우게 된다. 처음에 나는 블레이즈가 계단을 기어 올라갈 수 있으리라는 생각조차 하지 못했다. 그런데 어느 날 주변이 조용해서 둘러보니 놀랍게도 블레이즈가 계단을 이미 반이나 기어 올라가 있는 게 아닌가! 그런 장면을 보는 순간 엄마라면 공포감에 사로잡혀 심장이 거의 멎는 느낌을 받을 것이다. 그러나 엄마는 이내 와, 우리 아기가 계단을 올라가네! 하고 생각하게 된다. 아기는 계단을 기어오를 뿐만 아니라 엄마가 자신의 위업을 보고 있다는 사실에 몹시 신나고 뿌듯해한다.

촬영 시간 아기가 밥을 먹고 움직이려고 할 때.

준비할 일 이 사진을 찍을 때는 도우미의 역할이 중요하다. 아기의 움직임을 포착하려고 애쓸 때 아기의 발이 정말 빨리 움직인다는 사실에 놀랄 것이다. 이런 사진을 찍을 때 나는 맨 아래 계단으로부터 되도록 멀리 떨어져 바닥에 앉는다. 그러면 아기가 계단 중간까지 올라가지 않아도 된다. 형(오빠)이나 누나(언니)가 있다면 계단 꼭대기에 올라가서 아기를 응원하게 하라. 어려운 광량 조절에 관해서는 옆의 박스를 참고하라.

콤팩트 디카 사용자 플래시를 끄고, 연속 촬영 모드로 설정하라. 계단이 최대한 흐려지도록 인물 사진 모드를 선택하라.

DSLR 사용자 플래시를 끄고, 연속 촬영 모드로 설정하라. 조리개 우선 모드를 선택하고, 조리개값을 f/2.8로 낮추거나 최대한 열어라. 조리개를 열면 계단이 부드럽게 나온다. 광량이 충분하지 않다면 감도를 높여 보라. 하지만 감도를 높이면 사진이 거칠어진다는 점을 유념하라.

구도 이 사진은 위로 향하는 에너지를 표현하기 때문에 확실히 세로 구도가 적합하다. 자기 집, 할머니 댁, 교회 등 여러 장소에서 계단을 주제로 사진을 찍어 보라. 계단을 자신 위 혹은 아래로 놓아서 찍어 보라. 아기를 계단 중간에 배치하면 어떤 사진이 될까? 도우미는 계단 맨 아래에 앉고 사진 찍는 사람은 계단 꼭대기에서 내려다보며 아기의 웃는 얼굴을 찍는 것은 어떨까? 어떤 각도에서 찍든 즐겁게 찍어라.

사진 찍기 전달하고자 하는 이야기에 따라 모든 것이 달라진다. 이 사진을 찍을 때 나는 아기의 기저귀에 초점을 맞췄다. 하지만 계단 꼭대기에서 아기를 내려다보며 찍는 경우, 아기의 손이나 눈에 초점을 맞추면 좋다.

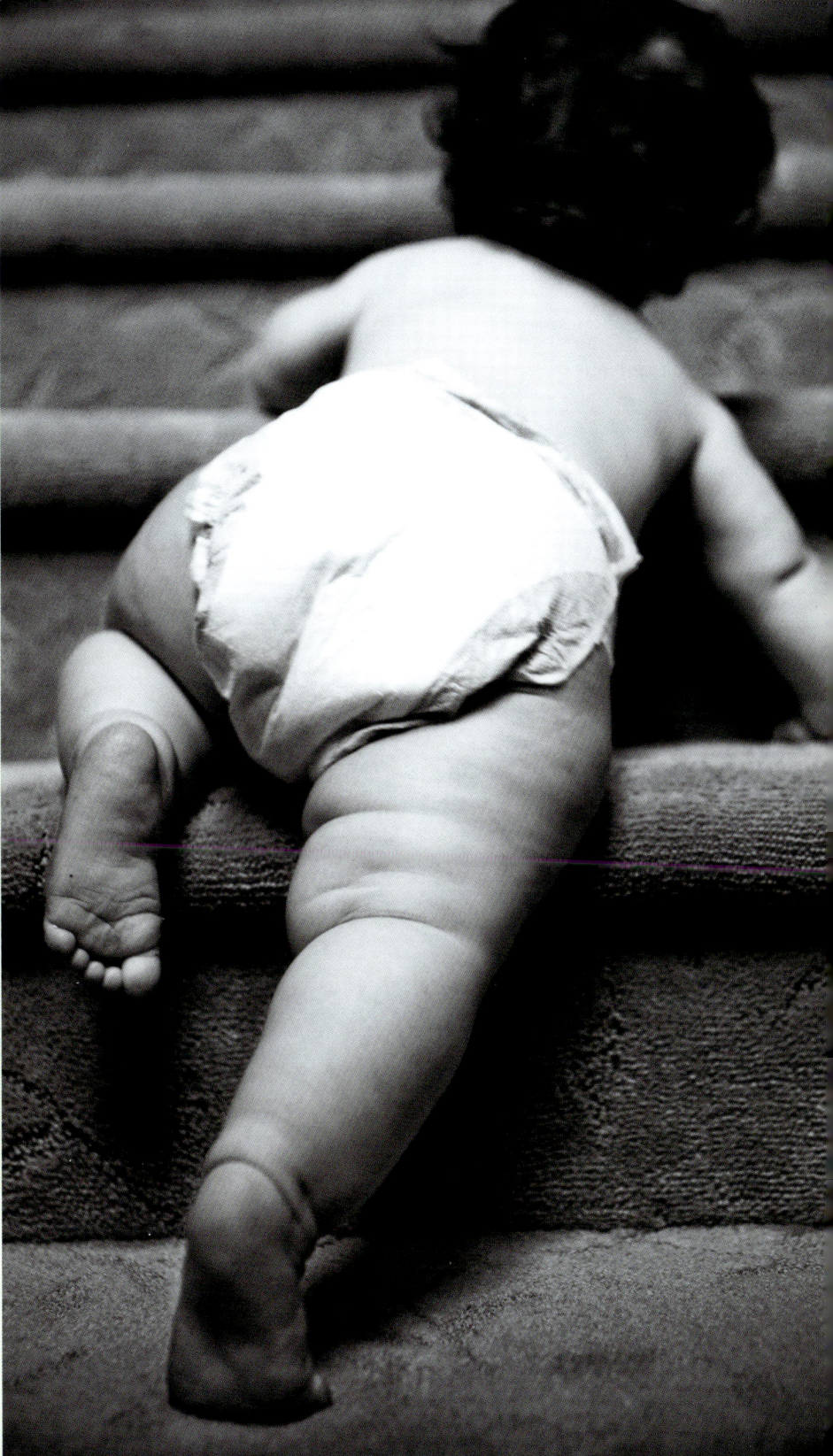

빛을 위해 빛을 꺼라

빛에 관한 한 계단은 사진 찍기에 좋은 장소는 아니다. 계단 위에는 대개 천장등이나 샹들리에가 달려 있는데, 그 등을 끄면 그림자가 더 잘 보인다. 때로 그림자를 표현하는 가장 좋은 방법은 자연광으로 인공광을 없애 버리는 것이다. 따라서 커튼을 활짝 열어 햇빛이 들어오게 하라.

나의 DSLR 설정 계단 위쪽을 흐리게 처리하기 위해 조리개를 f/2.8로 열었다. 계단에 자연광이 별로 들지 않아서 감도를 800으로 높였다. 셔터 속도는 1/40초(40)로 평소에 움직이는 아기를 찍을 때보다 느리게 설정했다. 카메라에 손떨림 보정 기능이 있어 이 속도로도 촬영이 가능했다.

천사의 실루엣

나는 실루엣의 힘과 아름다움을 좋아한다. 석양이 지는 해변에서 아빠가 아기를 번쩍 들어 올린 옆모습은 기막힌 사진이 된다. 아기에게 두 다리를 지탱할 힘이 생기고, 갈매기와 비행기를 알아보고 손으로 가리키는 것을 좋아하는 이 시기에 안성맞춤인 사진이다. 별이 보일 때 새로운 것을 발견하고 흥분한 아기가 고개를 젖히고 까치발을 하며 손으로 가리키는 순간 아기의 실루엣을 찍어라. 별이 보이지 않아도 한 번 찍어 보라.

촬영 시간 피사체의 배경이 환하게 밝기만 하면 언제든지 실루엣 사진을 찍을 수 있다. 배경은 밝고 피사체에는 어두운 그림자가 질 때가 가장 좋다. 해가 질 때를 고려하라. 아기 뒤에서 태양이 환하게 빛나지만, 아기에게 직접 빛이 비추지는 않는다. 아기가 거의 그림자로만 뒤덮여서 훌륭한 실루엣 사진을 찍을 수 있는 절호의 기회다.

준비할 일 아기를 가볍게 입혀라. 아기 몸의 윤곽이 뚜렷하게 보여야 하므로 양말이나 장갑, 모자는 씌우지 마라. 배경에서도 아빠와 아기의 윤곽을 불분명하게 만드는 것들은 반드시 제거하라.

화면에 아빠와 아기의 옆모습이 보이도록 서게 하라. 아빠가 "위~~~~~!" 소리를 내며 들어 올려 아기를 신나게 하면, 아기가 다리를 올리고 손으로 하늘을 가리킬 것이다. 아빠가 팔을 뻗으며 턱을 올리고, 아기가 가장 높이 올려다보는 순간을 포착하라.

콤팩트 디카 사용자 플래시를 끄지 않으면 실루엣이 나오지 않는다. 카메라를 연속 촬영 모드로 설정하라. 또 풍경 모드를 선택해 아빠·아기·배경의 윤곽이 선명하게 나오도록 조리개값을 높여라. 배경을 부드럽게 처리하려면 조리개값을 낮추는 인물 사진 모드를 선택하라.

DSLR 사용자 플래시를 끄고, 연속 촬영 모드로 설정하라. 이 사진에는 두 종류의 노출 모드를 시도해 볼 수 있다. 우선 조리개 우선 모드를 선택해 배경의 밝은 부분에 초점을 맞추려면, 셔터를 반쯤 누르고 초점을 고정하라. 그런 다음 구도를 다시 잡은 후에 찍어라. 혹은 매뉴얼 모드를 선택해 조리개값을 설정하라(배경을 얼마나 흐리게 처리할 것인지에 달렸다). 그런 다음 배경은 밝고 피사체는 어둡게 나올 때까지 셔터 속도를 조정하라.

구도 어떤 이야기를 담을 것인지에 따라 가로와 세로 구도 모두 가능하다. 두 가지 다 시도해 보고 어떤 구도가 사진에 더 적합한지 보라.

사진 찍기 아기에게 초점을 맞춰라. 3분할법을 이용해 사진의 구도를 다시 잡아라. 여러 각도에서 이리저리 시험해 보라. 나는 결국 쭈그리고 앉아 아빠와 아기를 올려다보며 찍었다.

나의 DSLR 설정 배경을 흐리게 하려고 조리개를 f/3.5로 열었다. 최고의 광도와 채도를 위해 감도를 200으로 유지했다. 셔터 속도는 두 가지 이유에서 1/800초(800)로 설정했다. 첫째 빛을 적게 흡수하고, 둘째 아빠가 들어올렸다 내릴 때 아기의 동작을 포착하기 위해서다.

나의 DSLR 설정 이 사진은 잘못된 예다. 배경에 보이는 섬까지 실루엣으로 보여 아빠의 머리와 겹친다. 아빠의 머리가 섬과 합쳐져 머리의 선명한 윤곽이 사라져 버렸다. 가장 극적인 실루엣 사진을 찍기 위해서는 피사체가 확실히 부각되도록 배경을 말끔히 치워야 한다.

아기가 좋아하는 별난 행동

9~12개월 된 아기를 촬영할 때면 부모 중 열의 아홉은 최근 몇 주 사이에 나타난 아기의 별난 행동을 보여 주는데, 모두 웃음을 터트리고 만다. 예를 들어 사진에 보이는 아기의 이름은 셰키나인데, 셰키나는 침대에 한 발을 고정한 채 침대 끝에 매달리는 것을 좋아했다. 언젠가 태양의 서커스에서 셰키나를 보게 될지도 모르겠다. 하지만 미래의 직업을 위해 거꾸로 매달리든 초등학교 3학년 때 공중제비에 흠뻑 빠지든 훗날 이런 사진은 참으로 즐거운 추억거리가 된다.

촬영 시간 아기의 놀이가 다 끝나갈 무렵. 아기가 거꾸로 매달리는 것을 좋아한다면 밥을 먹고 난 직후에는 시키지 않는 것이 좋다. 고생을 통해 배운 사실이다!

준비할 일 아기의 별난 행동이 무엇이든 큰 창가에 자리를 잡거나, 안전하다면 밖으로 나가라.

콤팩트 디카 사용자 플래시를 끄고, 연속 촬영 모드로 설정해 모든 동작을 포착하라. 배경이 흐려지도록 인물 사진 모드를 선택하라.

DSLR 사용자 플래시를 꺼라. 조리개 우선 모드를 선택하고, 조리개값을 f/2.8로 낮추거나 가능한 대로 최대한 열어라. 실내라 빛이 더 필요하다면 감도를 높여 보라. 실외라면 채도가 가장 선명한 감도 100으로 설정하라.

구도 아기가 어떤 행동을 하느냐에 따라 구도가 달라진다. 나는 셔터를 반쯤 누르고 셰키나의 얼굴에 초점을 맞춘 후, 머리가 화면 바닥에 오도록 다시 구도를 잡았다. 배경으로 산만해지지 않도록 화면을 아기로 꽉 채워라. 배경으로 이야기가 더 흥미로워지지 않는 한 그렇게 하라.

사진 찍기 아기의 얼굴에 초점을 맞춰라. 혹은 아기가 묘기를 부리는 동안 다른 신체 부위(맨 아래 배냇돌 등)를 강조하고 싶다면, 그 부위에 초점을 맞춰 사진을 찍어라.

나의 DSLR 설정 배경을 흐리게
하려고 조리개값을 f/2.8로 낮췄다.
원하는 만큼 빛이 충분하지 않아서
감도를 640으로 높여야 했다.
셔터 속도는 감도를 더 높이지 않고
자연광을 가능한 많이 흡수하기
위해 1/80초(80)로 했다.

나도 누나 따라할 거야

첫째 아기가 놀라움과 신기함 속에서 부모의 행동을 모두 따라했다면, 둘째 아기는 누나(언니) 혹은 형(오빠)의 모든 행동을 똑같은 집중력으로 바라본다. 손위 형제에 빠져드는 아기의 모습을 보면 참으로 놀랍다. 블레이즈가 태어나기 전, 파스칼린에게 푹 빠져 있던 나는 둘째 아기에게 줄 사랑이 남아 있을지 두려웠다. 하지만 블레이즈가 태어나자 내 가슴은 사랑으로 가득 찼고, 다른 가족들 모두 블레이즈를 사랑했다. 내가 깨닫기도 전에 블레이즈는 누나를 졸졸 따라다니며 누나가 하는 거는 뭐든 따라하고 있었다.

촬영 시간 아기가 노는 중에 누나나 형을 따라하려고 할 때 언제든지.

준비할 일 상황 설정은 언제나 가능하다. 일단 파스칼린에게 발판사다리를 주고 접시를 닦으라고 하면 블레이즈의 모험심이 발동할 것이다. 나는 이야깃거리가 많은 이런 사진을 좋아한다. 싱크대 높이로 아기가 얼마나 작은지 알 수 있다. 그리고 보다시피 아이들이 입은 옷은 신경 쓰지 마라. 블레이즈는 파자마를, 파스칼린은 수영복을 입었다. 옷보다는 이야기 속의 행동에 중점을 두고, 어울리지 않는 다른 소품들로 사진에 희극적 요소를 가미하라.

콤팩트 디카 사용자 플래시를 끄고, 연속 촬영 모드로 설정하라. 배경이 최대한 흐려지도록 인물 사진 모드를 선택하라. 배경을 더 흐리게 처리하려면, 누나와 아기를 배경의 사물에서 더 멀리 떨어지게 하라.

DSLR 사용자 플래시를 끄고, 연속 촬영 모드로 설정하라. 조리개 우선 모드를 선택하고, 조리개값을 f/2.8로 낮춰라. 사진이 충분히 밝지 않거나 동작에 초점이 맞지 않는다면, 매뉴얼 모드로 바꿔 셔터 속도나 감도를 조정하라(26쪽 박스를 참고하라).

구도 이런 설정이 불안하다면, 배우자나 친구, 도우미에게 아기가 발판사다리에서 떨어질 때를 대비해 옆에 서서 지켜봐달라고 부탁하라. 다양한 각도에서 찍어 보라. 세로 구도는 누나를 따라 사다리를 올라가는 동작을 강조한다. 부엌 바닥에 앉아 올려다보며 찍어보기도 하라. 아이들이 더 커 보이는가? 싱크대와 누나가 실제보다 더 커 보이도록 아기 아래에 위치를 잡아라. 아기의 관점이 되는 것이다. 혹은 뒤로 물러나 내가 찍은 사진처럼 구도를 잡아 보라. 여러 가지로 시험해 보라!

사진 찍기 아기에게 초점을 맞춰라. 아기가 화면 중앙에 있지 않다면, 아기가 중앙에 오도록 구도를 다시 잡고 초점을 고정하라. 그런 다음 원래 구도로 돌아와 사진을 찍어라. DSLR 카메라로 조리개값을 낮춰 찍으면 누나의 초점이 그리 선명하지 못할 것이다. 하지만 아기의 이야기가 주제이므로 괜찮다.

나의 DSLR 설정 배경과 전경을
흐리게 하려고 조리개를 f/2.8로 열었다.
우리 집 부엌에는 자연광이 많이 들지
않아서 감도를 800으로 높여야 했다.
셔터 속도가 1/40초(40)로 조금 느렸기
때문에 손떨림을 방지하기 위해
조리대에 기댄 채 찍었다.

135

자랑스러운 자립—3

엄마를 잡고 서던 아이가 어느 순간 옆의 소파나 커피 테이블을 지지해 서더니, 이제는 혼자 선다! 이 사진을 찍으려고 아빠가 어린 페이튼의 발을 받쳐 주자, 아기는 혼자 설 수 있다는 것을 매우 자랑스럽게 우리에게 보여 주었다. 페이튼이 다리를 찢거나 근육을 보여 줄 듯한 태세여서 우리는 피식피식 터져 나오는 웃음을 참을 수가 없었다. 페이튼에게는 자신이 혼자서 설 수 있을 만큼 컸다는 것을 알리는 일이 무엇보다 중요했다!

촬영 시간 아기가 놀고 싶어할 때. 아기가 혼자 서려면 많은 노력과 힘, 집중력이 필요하다.

준비할 일 예쁜 아기 신발이 있는가? 그렇다면 신발을 사진에 담을 좋은 기회다. 아기가 혼자 서게 되는 이야기이므로 아기의 작은 발이 더 부각될 것이다. 이 사진은 밖에 나가 단단한 바닥에서 찍는 것이 좋다. 잔디나 모래는 피하라. 아기가 균형을 잡기 힘들 뿐만 아니라 예쁜 아기 신발이 가려진다!

콤팩트 디카 사용자 플래시를 끄고, 연속 촬영 모드로 설정하라. 아기 뒤에 보이는 배경이 흐려지도록 인물 사진 모드를 선택하라.

DSLR 사용자 플래시를 끄고, 연속 촬영 모드로 설정하라. 인물 사진 모드를 선택하고, 조리개값을 f/2.8로 낮추거나 최대한 열어라. 셔터 속도가(640) 평소보다 빠른 이유는, 빛이 더 많은 실외에서 찍었기 때문이다. 이런 조건에서는 셔터를 굳이 오래 열어 놓을 필요가 없다. 셔터 속도가 빠를수록 움직이는 동작을 선명하게 잡기 쉽다.

구도 페이튼의 뒤로 보이는 계단을 흐리게 처리하는 것은 좋은 생각이다. 페이튼은 한 살이 되었고, 뒤에 보이는 계단은 계단을 기어오르던 9개월짜리 아기가 한 살이 되어 혼자 서게 되는 과정을 상징하는 것처럼 느껴진다. 세로 구도는 또면 아직도 매우 작지만 우뚝 서서 크게 보이고 싶어하는 페이튼의 마음을 강조한다. 구도를 잡을 때 반드시 배경을 통해 더 많은 이야기를 전달할 수 있도록 하라. 그렇지 않다면 배경을 흐리게 처리하거나, 가까이 다가가 프레임을 좁혀라.

사진 찍기 아기의 눈에 초점을 맞춰라. 아기의 눈이 화면 중앙에 있지 않다면, 눈이 중앙에 오도록 구도를 다시 잡고 초점을 고정하라. 그런 다음 원래 구도로 돌아와 사진을 찍어라.

사진의 뒷이야기

책에 실은 사진과 그 밖의 사진들,
그리고 찍는 과정을 담은 동영상을 보려면
나의 웹사이트 www.merakoh.com에
들어와 "Behind the Scenes"를
클릭하라.

나의 DSLR 설정 배경을 흐리게 하려고
조리개를 f/2.8로 열었다. 자연광은
그만하면 충분했지만 감도를 100으로
낮출 만큼은 아니어서 감도를 400으로
높였다. 셔터 속도는 아기의 동작을
포착하기 위해 1/640초(640)로 했다.

돌잔치

많은 문화권에서 아기의 돌잔치는 큰 행사다. 나의 한국인 아버지는 첫돌에 관한 특별한 전통을 물려 주셨다. 바닥에 크레용·지폐·성경·약병 등을 늘어놓은 다음, 돌을 맞은 아기에게 매트 끝에서 기어가 이 물건 중 하나를 집게 하는데, 아기가 처음에 집는 물건으로 아기의 장래를 점치는 것이다. 이를테면 크레용을 집으면 화가가 되고, 지폐를 집으면 성공한 사업가가 되며, 약병을 집으면 의사가 된다는 것이다. 우리 가족이 조카가 집은 물건을 두고 이러쿵저러쿵 이야기할 때 나는 갈등과 세밀한 특징 등을 찾고, 주변의 배경을 어떻게 사진에 담을지 생각했다.

촬영 시간 가능한 한 돌잔치 초반부터 사진을 찍기 시작하라. 많은 사람의 관심을 한몸에 받은 아기는 흥분하게 되어 평소보다 훨씬 빨리 지친다. 시간이 지나기 전에 가능한 많은 사진을 찍는 것이 좋다.

준비할 일 아기가 쿠키 몬스터와 함께 있는 모습을 찍든, 아기가 집는 물건을 찍든 나는 가능한 자연광이 많이 드는 곳에 자리를 잡았다. 예를 들어, 올케는 그레이어가 기어갈 때 빛을 받을 수 있도록 창 아래에 물건들을 늘어놓았다.

콤팩트 디카 사용자 플래시를 끄고, 아기의 동작을 포착하도록 카메라를 연속 촬영 모드로 설정하라.

DSLR 사용자 플래시를 꺼라. 빠른 동작을 찍을 수 있도록 카메라를 연속 촬영 모드로 설정하라. 조리개 우선 모드를 선택하고, 조리개값을 f/2.8로 낮추거나 최대한 열어라. 창으로 들어오는 빛이 충분히 밝지 않았기 때문에 감도를 800으로 높여야 했다.

구도 사진의 종류에 따라 가로와 세로 구도를 모두 시도해 보라. 그레이어의 갈등이나 동작을 찍을 때는 대부분 세로 구도를 사용했다. 하지만 돌잔치 뷔페상과 같은 더 구체적인 대상은 가로 구도로 찍었다. 돌을 맞은 아기를 찍을 때는 배경이나 설정으로 생동감이 더해지기 않는 한 아기로 화면을 꽉 채워라. 세밀한 특징을 찍을 때는 그 특징으로 화면을 꽉 채워라. 반드시 배경으로 사진이 더 재미있어질 때에만 배경을 사진에 넣어라.

사진 찍기 돌을 맞은 아기를 찍을 때는 아기의 눈에 초점을 맞춰라. 그런 다음 아기의 눈이 화면 중앙에서 벗어나도록 구도를 다시 잡아라.

나의 DSLR 설정 1/60초(60)에
f/2.8, ISO 800. 모든 사진의
조리개값은 배경과 전경을 흐리게
하려고 f/2.8로 했다. 집에 자연광이
들긴 했지만 충분하지 않아 감도를
800으로 높였다. 다양한 사진을
찍기 위해 집 안 여기저기를 돌아다닌
까닭에 광량이 계속 변했다.
따라서 셔터 속도를 계속 바꿔야 했다.

139

소품은 초인종이 울리기 전에 찍어라

초인종이 울리기 전 10분 동안 돌잔치 소품들을 모두 찍어라. 생일 케이크, 피냐타, 돌잔치 선물, 남은 돌잔치 초대장, 돌잔치 뷔페상까지. 그래야 누군가 손대기 전에 소품을 찍을 수 있다. 또 사람들이 없을 때 찍어야 촬영에도 방해가 되지 않는다. 손님들이 도착한 후에 찍은 소품 사진은 모두 보너스다. 돌잔치 준비를 모두 마치고 아무도 손대지 않은 소품을 촬영하는 기쁨을 꼭 누리기 바란다.

그레이어의 돌잔치에서는 부모와 아이들에게 모두 선물을 주었다! 개인 와인잔부터 아이들을 위한 선물 바구니까지 모두 돌잔치의 추억 한 조각씩을 집으로 가져갔다.

나의 DSLR 설정 1/160초(160)에 f/2.0, ISO 400.

나의 DSLR 설정 (위) 1/60초(60)에 f/2.8, ISO 800.
(왼쪽) 1/100초(100)에 f/2.0, ISO 400.

나의 DSLR 설정 1/250초(250)에 f/2.8, ISO 800. 잊지 말고 이 사진처럼 뒤로 물러나 방 전체를 배경으로 찍어라. 사진에서 그레이어가 가장 좋아하는 물건을 집으려고 한다.

나의 DSLR 설정 1/125초(125)에 f/2.8, ISO 800. 구체적인 특징을 찾아라. 아기 돌잔치를 위해 특별히 신경 쓴 부분은 무엇인가? 그레이어는 따뜻하고 부드러운 유기농 당근과 콩으로 차린 아기 뷔페상을 받았다.

141

나의 DSLR 설정 1/4000초(4000)에 f/2.8, ISO 200. 놀라움과 즐거움으로 사진을 찍으면 모든 사람이 반응한다!

에필로그 | 새로운 사랑의 탄생

아기가 한 돌이 되어 갈 즈음 엄마에게는 잠시 휴식이 필요하다. 전화기 벨을 꺼라. TV도 꺼라. 아기는 낮잠을 재우고 소파에 앉아라. 휴식이다. 한숨 돌리며 고요한 순간을 만끽하라. 우리는 엄마, 그것도 끝내주게 좋은 엄마다. 12개월 전 우리는 아기와 함께 집에 돌아왔다. 나라면 병원 문을 나설 때 내심 경보장치가 울리기를 고대했을 것이다. 세상에, 어떻게 이 핏덩이를 집으로 데려가라고 하지!

하지만 병원에서는 아기를 내보냈다. 그리고 어찌되었든 변화가 일어났다. 아기를 제대로 보살피고 키우지 못할 것 같

았던 두려움은 한달 한달이 지나면서 점차 사그라졌다. 소파에 앉아 한 살배기 젖 주는 시간을 계산하며 울기도 하고, 점심 준비를 하거나 전화를 받는 사이 아기가 입에 문 이상한 물건을 어떻게든 빼내려고 안간힘을 쓰기도 하고… 어휴!

우리는 아직 정답을 다 알지 못한다. 아기가 커가면서 이런저런 어려움에 맞닥뜨리기도 할 것이다. 하지만 한밤중에 병원의 경보장치가 울리는 꿈은 더이상 꾸지 않는다. 우리는 아기를 키울 수 있다. 사진도 다를 바 없다.

처음에는 카메라가 뭔지 모를 버튼으로 가득한, 다루기 힘

든 검은 물체로만 보였다. 카메라 용어도 낯설었다. "조리… 뭐라고요? 감도요? 지금 그게 분수인가요?" 아기를 찍어 보려고 애쓰다가 '황소 뒷걸음치다 쥐 잡은' 사진을 얻게 된다. 모처럼 잘 나온 사진을 얻고도 그 사진을 어떻게 다시 찍어야 하는지 몰라 좌절감에 빠진다. 사진은 기계를 잘 다룰 줄 알아야 잘 찍을 수 있다는 거짓말을 믿으며 포기해 버린다. 카메라 사용설명서만 읽어도 이 말이 거짓임이 드러난다. 읽어 보니 정말 그렇든가? 전혀 그렇지 않다. 머리가 좋지 않고 창의력이 부족하다는 두려움이 자꾸 고개를 내밀지만, 아기를 찍고 싶은 열정, 그 깊은 열망은 결코 사라지지 않는다.

이 열정에 귀를 기울여라. 카메라가 주는 생소함에 기죽지 말고 아기를 찍고 싶다는 열정을 더욱 강하게 키워라. 첫 1년은 시작일 뿐이다. 한 살배기 아기를 찍는 일은 경이롭다. 다섯 살 된 아기를 찍는 일은 더욱 그렇다! 아기가 커가면서 사진 실력도 는다! 어느 날 '조리개'라는 단어가 입에서 튀어나올 것이다. 그리고 그 단어를 아무렇지도 않게 사용하는 자신을 깨닫고 어리둥절할 것이다! 낯설기만 하던 검은 물체가 몸의 일부처럼 느껴지고, 그 물체를 통해 세상을 보게 될 것이다.

모든 창조적 행위가 그렇듯이 사진은 연습이 필요하다. 이 책을 쓴 목적 중 하나는 카메라의 기술적 설정을 낱낱이 제공함으로써 이를 쉽게 이해하도록 도와주는 것이었다. 카메라의 기계적인 부분에 익숙해지면 자신의 창조력을 더욱 자유롭게 시험해보기 바란다. 실제로 나는 좋아하는 요리 레시피처럼 책에 실은 포토 레시피에 자신만의 색깔을 더할 것을 권한다. 좋은 사진을 찍는 방법은 많다!

배움의 과정은 여기서 끝나지 않는다. 나의 웹사이트 www.merakoh.com 를 찾으면 동영상 자료와 더 많은 포토 레시피를 볼 수 있다! 또 이 책의 포토 레시피를 이용해 찍은 사진을 올리고 다른 독자들이 올린 사진도 볼 수 있는 www.refuseto-saycheeze.com이라는 온라인 커뮤니티를 만들었다. 이곳은 더 전문적인 사진을 찍을 수 있도록 서로 도움을 주고 받는 엄마들을 위한 공간이다. 우리 모두 서로의 성장을 축하할 수 있도록 사진을 올리기 바란다!

새로운 기술을 배우면서 아기의 이야기를 사진에 담을 수 있다는 것이 놀랍지 않은가? 나의 어린 시절 사진을 보면서 나는 어머니가 3분할법을 사용했는지, 조리개를 열었는지 생각하지 않는다. 어머니는 여느 엄마들처럼 사진 찍는 법을 잘 몰랐다. 나는 그런 것들을 보지 않는다. 나는 그저 어린 내 모습을 본다. 어머니의 눈에 비친 나의 모습을 본다. 바쁘고 정신없는 생활(어느 때보다 지금 충분히 이해한다) 속에서 어머니가 나의 아름다움에 사로잡힌 순간이 있었다는 사실 때문에 그 사진은 더없이 소중하다. 어머니는 나를 보았고, 나를 세상에 알렸다.

아기에게 줄 선물을 상상해 보라. 아기는 엄마의 눈을 통해 자신의 어린 시절을 바라볼 창을 갖게 될 것이다. 그리고 마지막으로, 어느 날 친구들이 자기 아기도 찍어달라고 부탁해도 놀라지 마라. 열성적인 사람들을 거부하기란 쉽지 않다. 안셀 애덤스 미국의 유명한 풍경사진작가__옮긴이 이든 카메라를 든 엄마든!

넘치는 사랑과 함께
메 라

Psalm 126

찾아보기